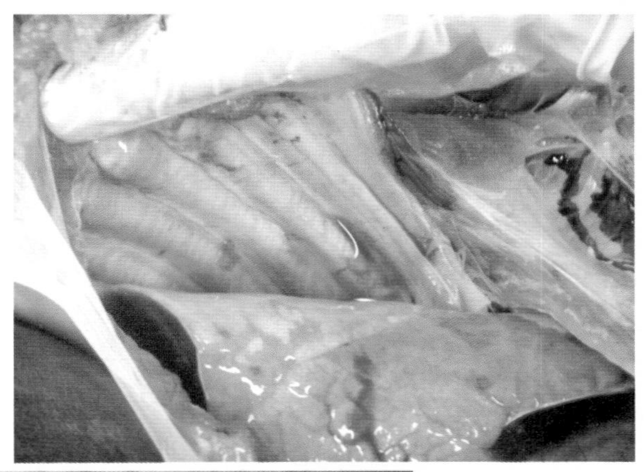

副猪嗜血杆菌病：早期胸腔积液，肺脏呈间质性肺炎，弥散性出血

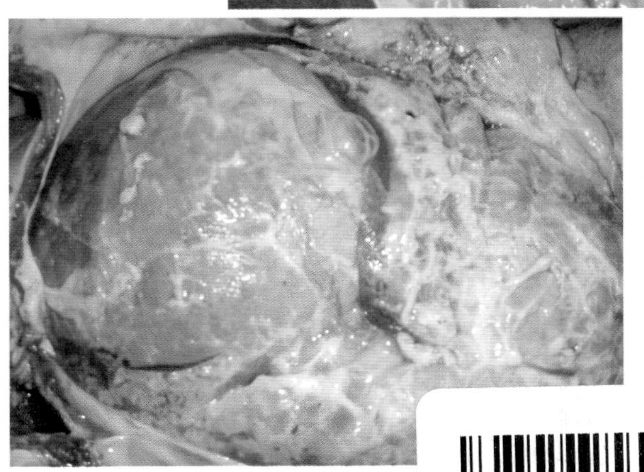

副猪嗜血杆菌病：晚期肺脏与心包粘连，胸腔内广泛粘连

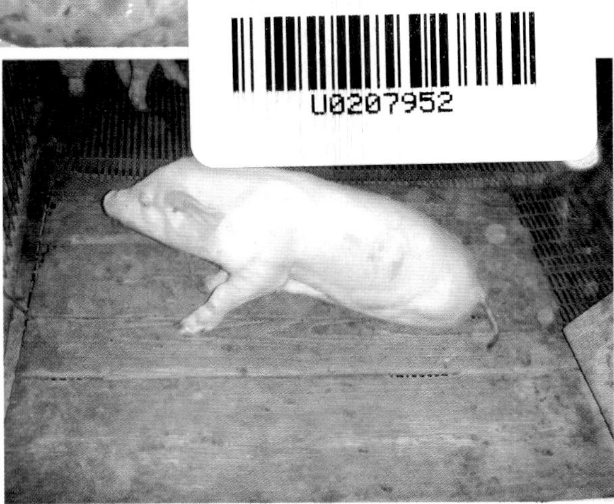

猪水肿病：关节肿胀，难站立

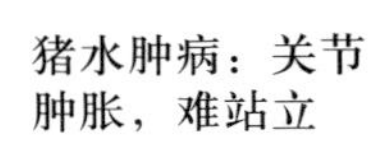

猪链球菌病：
耳部、腹部、
四肢皮肤出血

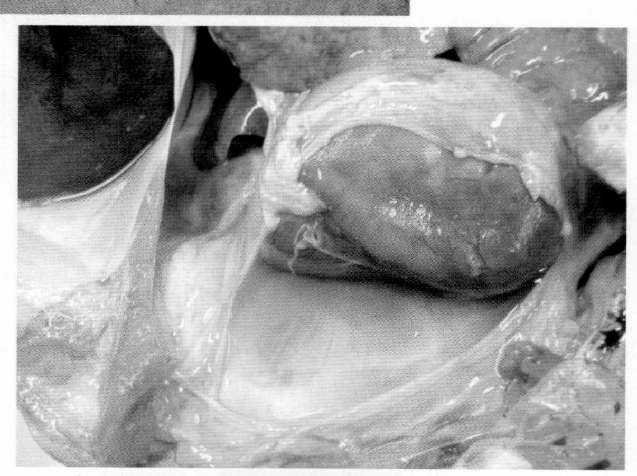

猪链球菌病：
心包积液，肺
部出血

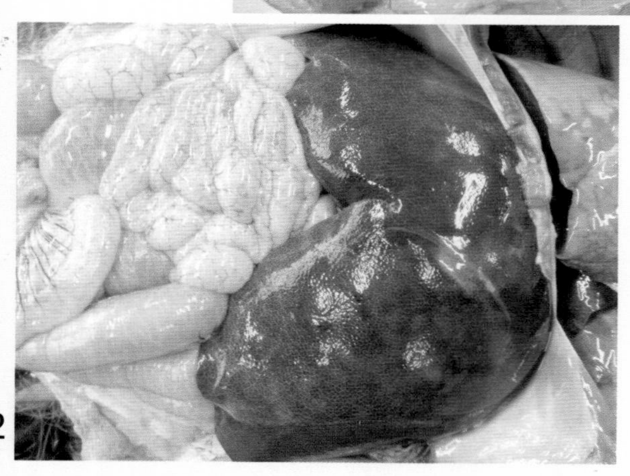

猪链球菌病：
肝脏肿大，暗
蓝色

猪气喘病：肺脏肉变，病变区与正常区界限明显

猪附红细胞体病：猪群中便秘与腹泻病例同时存在

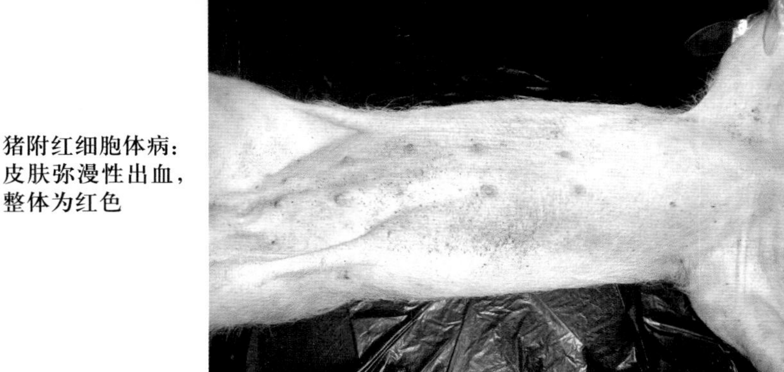

猪附红细胞体病：皮肤弥漫性出血，整体为红色

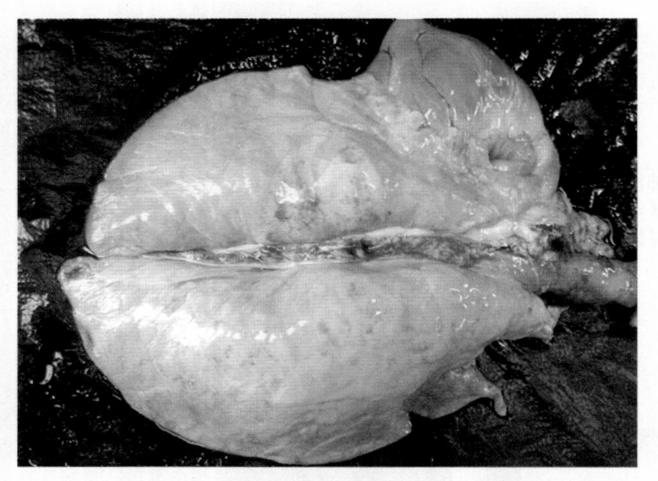

猪附红细胞体病：肺脏颜色略显苍白，有出血斑（病情严重时为弥漫性出血，深红色）

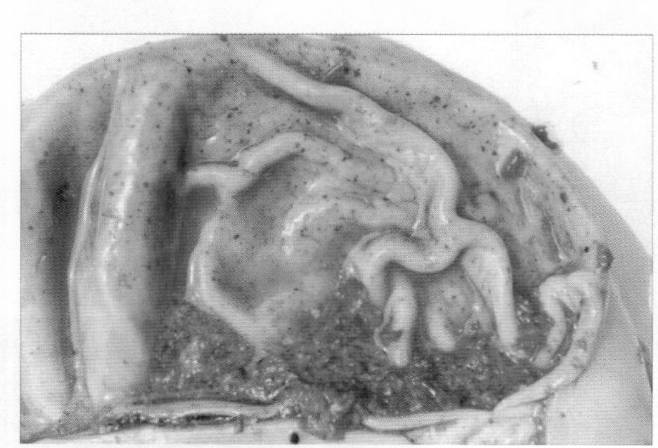

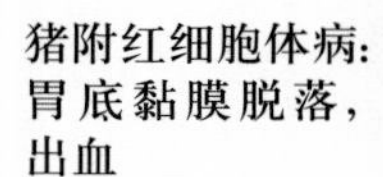

猪附红细胞体病：
胃底黏膜脱落，
出血

猪附红细胞体病：
脾脏肿大，暗蓝色

猪蓝耳病：体表呈现红色，特别是在耳部，嘴尖出血严重

猪蓝耳病：母猪流产产下的胎儿

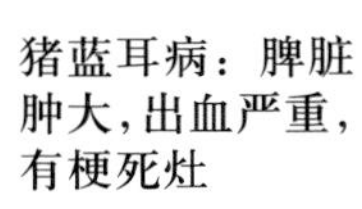

猪蓝耳病：脾脏肿大，出血严重，有梗死灶

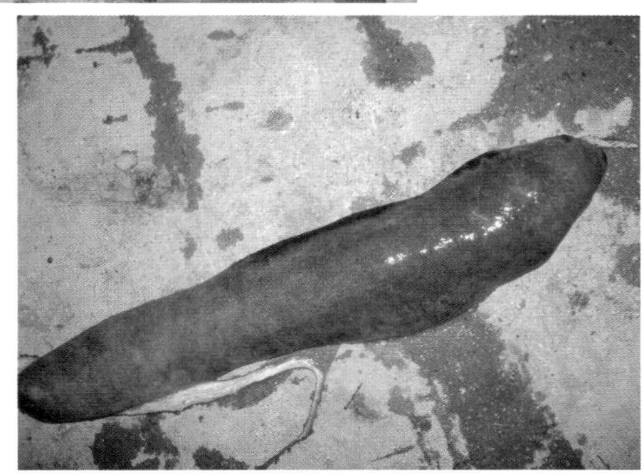

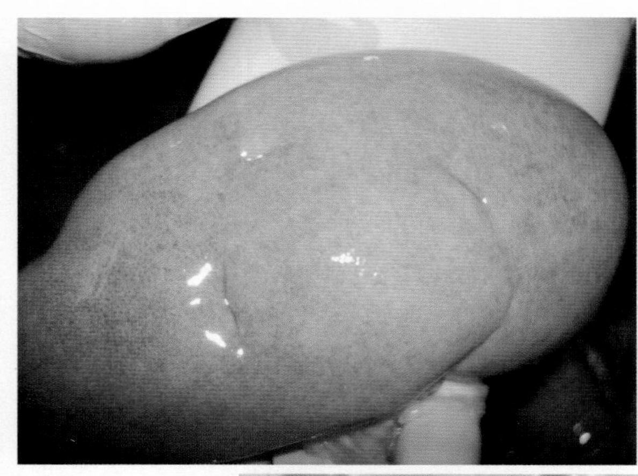

猪蓝耳病：肾脏土黄色，表面有弥漫性出血点

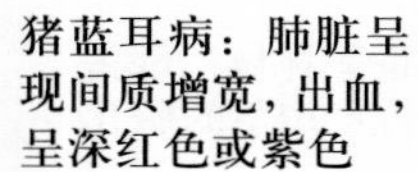

猪蓝耳病：肺脏呈现间质增宽，出血，呈深红色或紫色

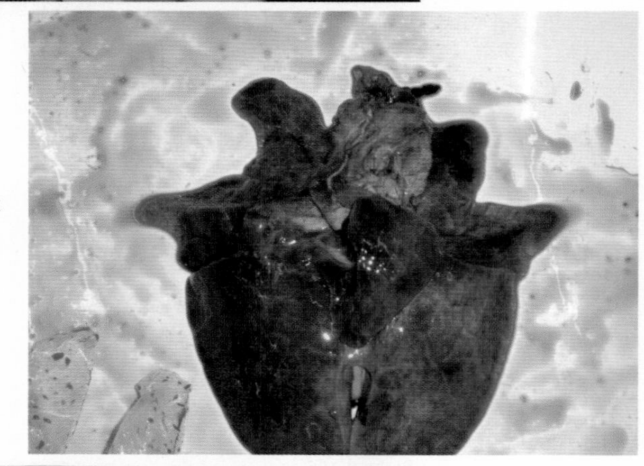

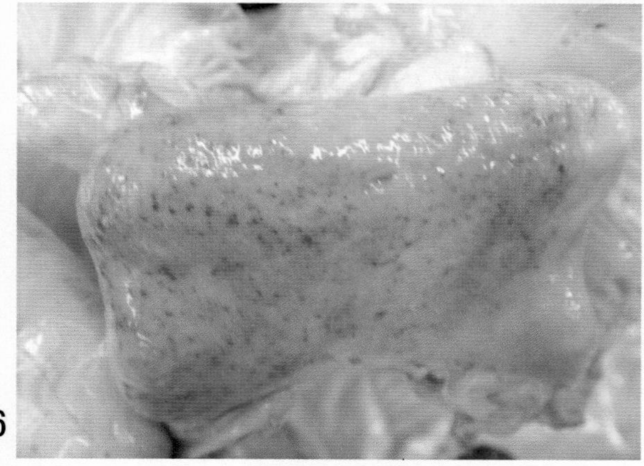

猪瘟：膀胱出血

猪瘟：脾脏略显肿大，边缘有梗死灶

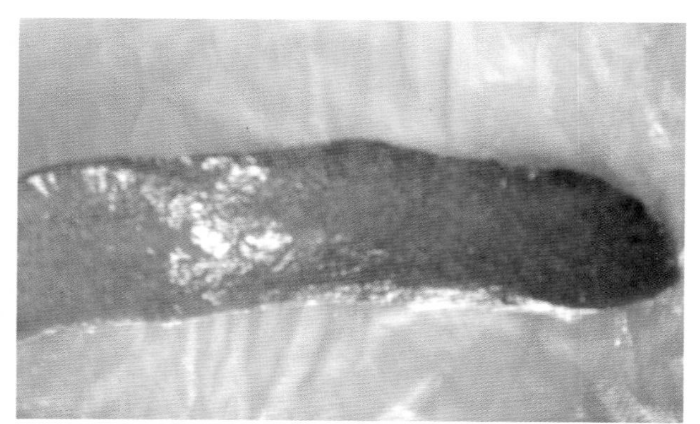

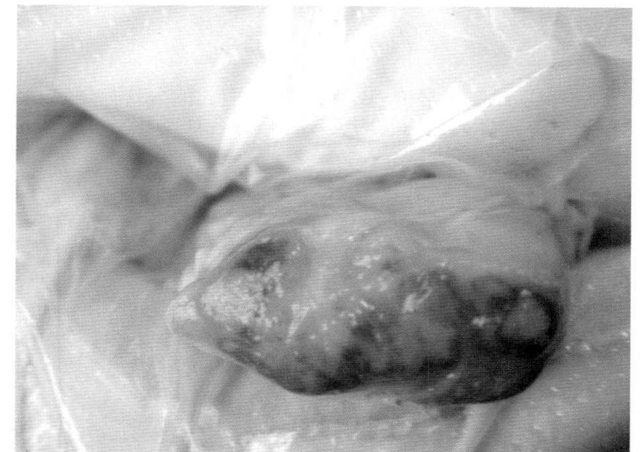

猪瘟：淋巴结肿大，切面出血明显

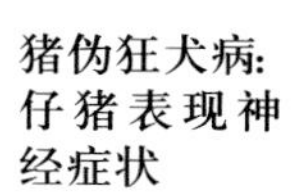

猪伪狂犬病：仔猪表现神经症状

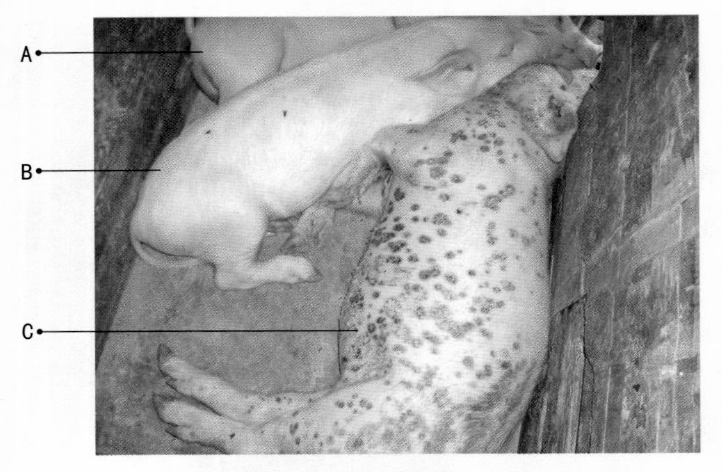

猪圆环病毒病：A. 正常猪 B. 圆环病毒引起的皮肤黄染 C. 圆环病毒引起的皮炎肾病综合征

猪圆环病毒病：腹股沟淋巴结肿大，黄染，无明显出血

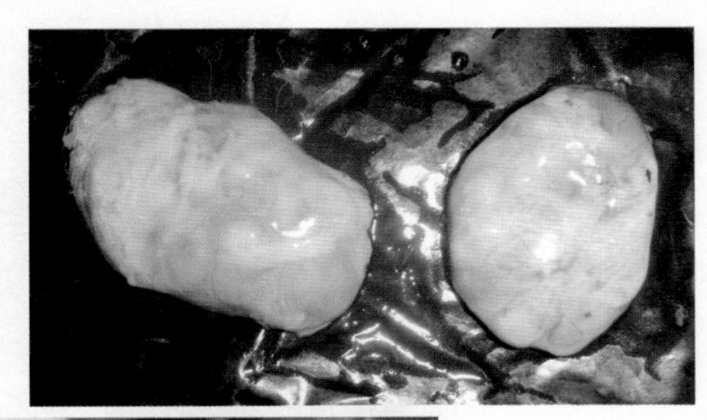

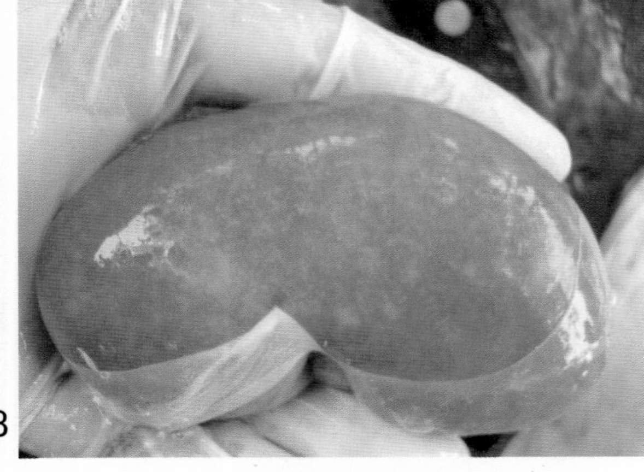

猪圆环病毒病：引起皮炎肾病综合症，肾脏土黄色，有白色斑点（白斑肾）

专家释疑解难农业技术丛书

猪场流行病防控技术问答

主　编

左玉柱

副主编

范京惠　包永占

编著者

包永占　陈巨民　杜金梁　范京惠

李　楠　刘　媛　马玉忠　史万玉

王　坤　王建平　锡建中　张小波

张竞乾　周玉宝　朱玉涛　左玉柱

金盾出版社

内 容 提 要

本书由河北农业大学左玉柱老师等编著。以问答的形式阐述了猪场的生物安全措施、疫病诊断、免疫技术、用药知识，以及猪场传染病、寄生虫病、其他疾病的防控技术。内容实用先进，可操作性强，适合广大猪场负责人、兽医技术人员阅读使用。

图书在版编目(CIP)数据

猪场流行病防控技术问答/左玉柱主编. -- 北京 : 金盾出版社,2010.5
(专家释疑解难农业技术丛书)
ISBN 978-7-5082-6205-5

Ⅰ.①猪… Ⅱ.①左… Ⅲ.①猪病:流行病—防治—问答 Ⅳ.S858.28-44

中国版本图书馆 CIP 数据核字(2010)第 020381 号

金盾出版社出版、总发行
北京太平路 5 号(地铁万寿路站往南)
邮政编码:100036 电话:68214039 83219215
传真:68276683 网址:www.jdcbs.cn
封面印刷:北京印刷一厂
彩页正文印刷:北京天宇星印刷厂
装订:北京天宇星印刷厂
各地新华书店经销
开本:787×1092 1/32 印张:7 彩页:8 字数:148 千字
2010 年 5 月第 1 版第 1 次印刷
印数:1～13 000 册 定价:12.00 元

前　言

近年来猪场流行病发生频繁，危害较大，为了满足规模化猪场疾病防控疑难问题亟待解决的需要，我们结合临床知识，编写了《猪场流行病防控技术问答》一书。在内容安排上，紧密结合规模化猪场生产实际，不但对猪场发生的疾病发病原因、发病特点、临床症状、诊断和防控技术难题进行解答，而且兼顾了猪场流行病预防知识，比如对消毒技术、免疫技术涉及到的相关难题都进行解答，使读者通过本书，可以了解猪场防病知识，做到猪场无疫情时懂得如何预防疫情发生，发生疫情时懂得如何控制疫情。

由于作者个人水平所限，书中难免有纰漏之处，欢迎各位业界同仁及广大读者提出宝贵意见和建议。

编著者

2010 年 1 月

目　录

一、猪场的生物安全措施及疫病诊断 …………………（1）
1. 什么是生物安全措施？猪场加强生物安全措施包括哪些方面？ ……………………………（1）
2. 规模化猪场如何选址？ ……………………………（2）
3. 如何进行猪场建筑物布局？ ……………………（3）
4. 猪舍设计有什么基本要求？ ……………………（4）
5. 猪场粪尿处理有哪些方式？ ……………………（6）
6. 猪场消毒的种类有哪些？ ………………………（7）
7. 猪场常用的消毒方法有哪些？ …………………（8）
8. 猪场常用的消毒设施有哪些？ …………………（10）
9. 常用消毒器械有哪些？ …………………………（11）
10. 如何对猪场固有设施及猪只进行消毒？ ………（11）
11. 如何对进入猪场的人员和物品进行消毒？ ……（13）
12. 猪场终末消毒应该遵循什么程序？ ……………（14）
13. 猪场消毒应该注意哪些事项？ …………………（15）
14. 猪场消毒后，消毒效果如何检查？ ……………（16）
15. 发生疫情后处理的一般原则有哪些？ …………（16）
16. 病死猪进行剖检和送检时有哪些注意事项？ …（17）
17. 实验室检测技术对猪场疫病防控有何意义？ …（18）
18. 抗体检测技术在猪场有哪些应用？ ……………（19）
19. 进行抗体检测时，血液样品如何采集？有什么要求？ ……………………………………（19）
20. PCR 技术在猪场中有哪些应用？ ………………（20）

21. 药敏实验技术在猪场中有哪些应用？ …………（20）
22. 实验室检测的结果受哪些因素的影响？ ………（21）
23. 建立猪病检测实验室需要哪些基本配置？ ……（22）
24. 建立猪病检测实验室应该注意哪些问题？ ……（23）
25. 猪场进行抗体检测时有哪些注意事项？ ………（24）
二、猪场免疫技术………………………………………（25）
26. 猪场常用疫苗有哪几类？ ………………………（25）
27. 活疫苗与灭活疫苗各有何优缺点？ ……………（26）
28. 购买疫苗时应该注意哪些事项？ ………………（28）
29. 疫苗贮存和运输时应该注意哪些事项？ ………（28）
30. 什么是自家组织苗？在猪场有没有应用价值？ …（29）
31. 猪场常用的免疫方法有哪些？ …………………（30）
32. 疫苗免疫的流程是什么？ ………………………（31）
33. 注射免疫需要注意什么事项？ …………………（32）
34. 免疫时，加大疫苗剂量或者增多免疫次数，是否会提高免疫效果？ …………………………（33）
35. 猪场免疫的具体时间如何确定？ ………………（34）
36. 规模化猪场如何制定适合本场的免疫程序？ …（35）
37. 疫苗免疫后如何了解免疫效果？ ………………（36）
38. 规模化猪场引起免疫失败的原因有哪些？ ……（36）
39. 引起猪免疫抑制的因素有哪些？ ………………（40）
40. 何谓紧急接种？效果如何？ ……………………（41）
41. 猪瘟常规疫苗分哪几种？使用时有哪些注意事项？ ………………………………………（41）
三、猪场用药知识 …………………………………（44）
42. 猪场常用的药物有哪些？ ………………………（44）
43. 如何合理地使用抗菌药物？ ……………………（46）

44. 无公害食品生猪饲养兽药使用准则内容有
哪些？ …………………………………………（48）
45. 生猪饲养过程中禁用的兽药及其他化合物
有哪些？ ……………………………………（53）
46. 猪场常用的消毒药有哪些？怎么使用？ ………（55）
47. 影响药物作用的因素有哪些？ …………………（56）
48. 何谓细菌耐药性？如何应对？ …………………（58）
49. 内服给药剂量与饲料添加给药剂量如何换算？ …（58）
50. 怎样给猪灌服药物？ ……………………………（59）
51. 怎样给猪灌肠给药？ ……………………………（60）
52. 怎样给猪注射药物？ ……………………………（60）
53. 注射药物时有哪些注意事项？ …………………（61）
54. 猪服药后有哪些忌口？ …………………………（61）
55. 在治疗疾病时如何综合全面使用药物？ ………（62）
四、传染病防控技术 ……………………………………（63）
56. 当前猪病发生有什么特点？ ……………………（63）
57. 传染病对猪场有什么危害？ ……………………（64）
58. 猪场传染病的发病过程是怎样的？ ……………（65）
59. 猪场传染病的发生和流行受哪些因素的影响？ …（65）
60. 传染病有什么特征？ ……………………………（68）
61. 猪场发生传染病后应按什么程序进行诊断？ …（69）
62. 当前猪场常发的传染病有哪几类？包括哪些
主要的传染病？ ……………………………（72）
63. 如何防控仔猪黄痢？ ……………………………（76）
64. 如何防控仔猪白痢？ ……………………………（79）
65. 如何防控仔猪梭菌性肠炎？ ……………………（81）
66. 如何防控猪传染性胃肠炎？ ……………………（82）

67. 如何防控猪流行性腹泻？ …………………………… (84)
68. 如何防控猪痢疾？ ………………………………… (86)
69. 如何防控猪轮状病毒感染？ ………………………… (87)
70. 哪些因素可以引起仔猪腹泻？有何区别？ …… (89)
71. 如何防控副猪嗜血杆菌病？ ………………………… (90)
72. 如何防控猪气喘病？ ………………………………… (92)
73. 如何防控猪传染性胸膜肺炎？ …………………… (95)
74. 如何防控猪肺疫？ ………………………………… (97)
75. 如何防控猪流行性感冒？ ………………………… (100)
76. 如何防控猪传染性萎缩性鼻炎？ ……………… (101)
77. 如何防控猪瘟？ …………………………………… (103)
78. 如何防控猪链球菌病？ …………………………… (106)
79. 如何防控猪副伤寒？ ……………………………… (109)
80. 如何防控猪炭疽？ ………………………………… (112)
81. 如何防控猪水肿病？ ……………………………… (114)
82. 如何防控猪伪狂犬病？ …………………………… (116)
83. 如何防控猪李氏杆菌病？ ………………………… (118)
84. 如何防控猪破伤风？ ……………………………… (121)
85. 如何防控猪血凝性脑脊髓炎？ …………………… (122)
86. 如何防控猪脑心肌炎？ …………………………… (123)
87. 如何防控猪口蹄疫？ ……………………………… (125)
88. 如何防控猪水疱病？ ……………………………… (127)
89. 如何防控猪水疱性口炎？ ………………………… (129)
90. 如何防控猪附红细胞体病？ ……………………… (131)
91. 如何防控猪繁殖与呼吸综合征？ ……………… (135)
92. 如何防控猪细小病毒感染？ ……………………… (142)
93. 如何防控猪流行性乙型脑炎？ ………………… (144)

94. 如何防控猪衣原体病？ …………………………… (146)
95. 如何防控猪渗出性皮炎？ ………………………… (148)
96. 如何防控猪丹毒？ ………………………………… (150)
五、寄生虫病防控技术 ………………………………… (152)
97. 猪场危害严重的寄生虫病有哪些？ ……………… (152)
98. 寄生于猪肠道的线虫主要有哪些？如何诊断
与防治？ ………………………………………… (152)
99. 寄生于猪胃的线虫主要有哪些？如何诊断与
防治？ ……………………………………………… (155)
100. 如何防控猪肺虫病？ …………………………… (157)
101. 如何防控猪肾虫病？ …………………………… (159)
102. 如何防控猪旋毛虫病？ ………………………… (161)
103. 如何防控猪棘头虫病？ ………………………… (163)
104. 如何防控猪姜片吸虫病？ ……………………… (164)
105. 如何防控猪囊尾蚴病(猪囊虫病)？ ………… (166)
106. 如何防控猪棘球蚴病(包虫病)？ …………… (168)
107. 如何防控猪细颈囊尾蚴病(细颈囊虫病)？ … (170)
108. 如何防控猪绦虫病？ …………………………… (171)
109. 如何防控猪弓形虫病？ ………………………… (172)
110. 如何防控猪小袋纤毛虫病？ …………………… (175)
111. 如何防控猪疥螨病？ …………………………… (176)
112. 如何防控猪蠕形螨病(毛囊虫病、脂螨病)？ …… (178)
113. 如何防控猪虱病？ ……………………………… (179)
六、其他疾病防控技术 ………………………………… (180)
114. 如何防控黄曲霉毒素中毒？ …………………… (180)
115. 如何防控棉籽饼粕中毒？ ……………………… (182)
116. 如何防控菜籽饼中毒？ ………………………… (183)

117. 如何防控亚硝酸盐中毒？ …………………… (184)
118. 如何防控食盐中毒？ ………………………… (185)
119. 如何防控有机磷农药中毒？ ………………… (186)
120. 如何防控灭鼠药中毒？ ……………………… (188)
121. 如何防控维生素 A 缺乏症？ ……………… (188)
122. 如何防控维生素 B_1 缺乏症？ …………… (190)
123. 如何防控维生素 B_2 缺乏症？ …………… (191)
124. 如何防控维生素 K 缺乏症？ ……………… (192)
125. 如何防控维生素 E 缺乏症？ ……………… (193)
126. 如何防控仔猪铁缺乏症？ ………………… (194)
127. 如何防控铜缺乏症？ ……………………… (195)
128. 如何防控锌缺乏症？ ……………………… (196)
129. 如何防控镁缺乏症？ ……………………… (197)
130. 如何防控硒缺乏症？ ……………………… (198)
131. 如何防控钙、磷缺乏症？ ………………… (201)
132. 如何防控锰缺乏症？ ……………………… (202)
133. 如何防控碘缺乏症？ ……………………… (203)
134. 如何防控新生猪低血糖症？ ……………… (204)
135. 如何防控应激综合征？ …………………… (205)

一、猪场的生物安全措施及疫病诊断

1. 什么是生物安全措施？猪场加强生物安全措施包括哪些方面？

猪场的生物安全是指采取有效的疾病防制措施和防污染措施，以预防传染病和污染物传入猪场并防止其传播的专业术语。目前在养猪生产中，生猪发生疾病是难免的，疾病的预防和控制比疾病治疗更为重要。因此，猪场必须实施严格的生物安全措施，以预防疾病和污染物的传入。即便一个猪场已经有了多种流行性传染病，也需要采用有效的生物安全措施以稳定猪群的健康和防止新的疾病的传入。加强生物安全措施，主要为控制病原微生物的传播，可以从以下三个方面进行：

(1)减少和消灭传染源 新建猪场选址时应该尽量远离其他养殖场，猪场布局应该将办公区、生活区和生产区分开，净污分道。坚持自繁自养，减少病原体随购进种猪传入；对病猪及时进行隔离，防止病原进一步扩散。

(2)切断传播途径 人员和车辆、用具等进入场舍必须进行消毒，对地面、圈舍、用具等进行定期消毒；给猪进行免疫，治疗时必须更换针头，做到一头猪一个针头，猪舍之间用具不得混用；对饲料、饮水等进行定期检测，避免微生物污染。

(3)降低动物的易感性 搞好环境卫生，提高饲料营养水平，提高猪的体质；科学地进行免疫，提高猪只特异性免疫力。

2. 规模化猪场如何选址?

场址选择应该考虑地形、地势、风向、周围环境等多种因素。同时要考虑交通运输和防疫卫生,以便于饲养管理和防止环境污染。

(1)地形与地势 猪场应该选择在地势平坦、高燥、地下水位在2米以下的地方。猪舍要向阳,窗户南北向。猪场占地以猪场规模(饲养繁殖母猪头数和年出栏商品猪头数)而定,一般一头繁殖母猪设计占地40～80平方米(指猪场区总占地,包括生活区、办公区等)。

(2)水源 猪场的用水量很大,除饮用水外,冲刷圈舍及人员生活用水量也很大(目前我国提倡干清粪不冲水工艺,以尽量减少猪场排水量;如采用发酵床饲养可以完全不冲水,实现猪场零污水排放)。用地下水作水源,场址要选在水质好、地下水源充足的地方。为防止水源及环境被污染,猪场要远离化工厂、造纸厂、屠宰厂、皮革厂等。猪场地下水要符合饮用水标准(GB5749-2006)。水井应设在猪场最高处,以防被场内污水污染。

(3)土质 建猪场以壤土土质为好,黏土和沙土较差。黏土渗水性差,毛细作用强,地面潮湿,易滋生蚊蝇、微生物等。沙土导热系数大,吸热快,放热快,不利于猪场小气候的稳定。

(4)周围环境 场址选择要注意供电和运输便利。要远离居民区,更不能建在城市水源上游和游览区,防止猪场对环境的污染。猪场污染物主要是猪粪尿。一个万头猪场每天排出的猪粪尿20吨,还有大量的有害气体和污水等。但另一方面,猪粪尿又是优良的有机肥料。猪场如建在农田、果园区域,分布均匀,适度规模,不但无害,而且有利于大农业和农村生态环境的良性循环。

(5)防疫 防疫工作是猪场的生命线。猪场选址要距离主要交通干线 1 000 米以上，不应在废旧养殖场原址建新猪场。场区和其他区域要有隔离沟、隔离林带，并建围墙，防止外来污染源进入猪场。

3. 如何进行猪场建筑物布局？

猪场建筑物布局关系到防疫卫生、饲养管理、猪舍小气候和环境控制等，需要统筹安排。

(1)总体布局 一个完善的规模化、工厂化养猪场在总体布局上应该分成三个区，即生产区、生活管理区和隔离区。

第一，生产区。这是猪场的核心和主体。包括各类猪舍和生产设施(图 1-1)。

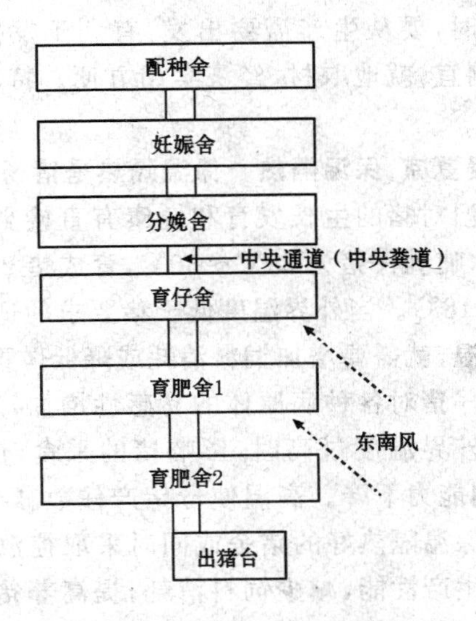

图 1-1 种猪场生产区布局示意

第二，生活管理区。这里是办公和职工生活的地方，一些生产辅助功能建筑如饲料车间、仓库等也设置在这里。

第三，隔离区。生产和生活区要有一定的隔离带，以利于卫生防疫。

(2)生产区布局 生产区应该按照规模化、工厂化的生产流水线和饲养管理来布局。猪场的布局是否合理，关系到正常组织生产、提高劳动效率、降低生产成本、增加经济效益的一系列问题。布局要根据功能联系合理进行，使得土地利用合理，布局整齐，建筑物紧凑，尽量缩短供应距离，但应利于通风和防疫。

4. 猪舍设计有什么基本要求?

猪舍建筑效用效果的好坏，直接影响养猪的效益。在设计建筑猪舍时，要从生产需要出发，有利于发挥猪的生产潜力；要因地制宜，就地取材，经济实用方便。特别要注意以下几点：

(1)冬暖夏凉，保温隔热 保温隔热是猪场性能的一个重要方面。气温对猪的生长发育和健康有直接影响，一般猪舍的适宜温度，哺乳仔猪为25℃～30℃，育成猪20℃～23℃，成年猪15℃～18℃。当外界温度低于猪要求的适应温度时，猪为了保持体温，就需要增加饲料消耗或降低体重。小猪怕冷，低温可以使仔猪对各种病原体的易感性增加，发病率和死亡率增高。当外界温度过高时，影响猪的采食，使生长速度降低，饲料利用能力下降。高温使母猪产仔数减少或者成猪中暑。如果在保温隔热好的猪舍或同时采取控温措施，将会大大提高猪的生产性能，减少饲料消耗，提高养猪效益。因此，在建筑猪舍时要让猪舍坐北朝南，向阳避风，地面、墙壁、屋顶要求防热保温效果好。

另外,猪舍窗户的大小和高度要利于采光、保温和通风防暑,窗户上缘与窗台内侧所引的直线同地面的水平线之间的夹角小于当地夏至的太阳高度角时,就可以防止夏季阳光直射舍内,起到防暑降温的作用。当猪床后缘与窗户上缘所引的直线同地面的水平线之间的夹角等于或大于当地冬至时的太阳高度角时,就可以使太阳在冬至前后直射猪床,起到增温防寒的作用(图 1-2)。

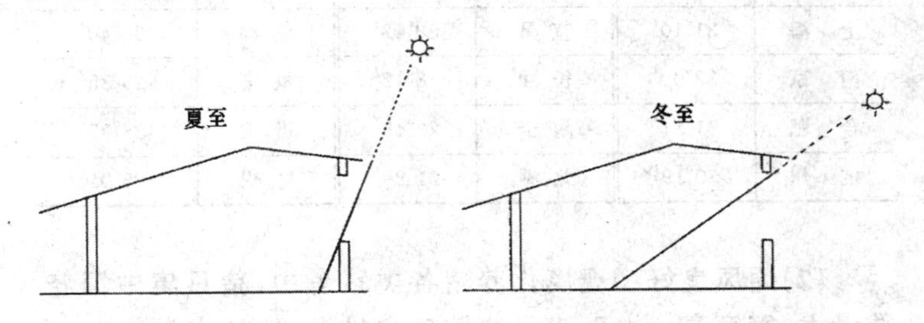

图 1-2 猪舍窗户与太阳高度角关系示意

太阳高角度计算公式:$h=90°-Q+\delta$

h 为太阳高度角,Q 为当地的纬度(表 1-1),δ 为赤纬。δ 在夏至时为 32°27′,冬至时为 23°27′,春分和秋分时为 0。

表 1-1 我国主要城市纬度表

地 名	纬 度	地 名	纬 度	地 名	纬 度
齐齐哈尔	47°32′	乌鲁木齐	43°54′	延 安	36°36′
哈尔滨	45°41′	哈 密	42°49′	西 安	34°18′
长 春	43°54′	西 宁	36°35′	二连浩特	43°41′
通 化	41°41′	兰 州	36°03′	呼和浩特	40°49′

续表 1-1

地　名	纬　度	地　名	纬　度	地　名	纬　度
沈　阳	41°46′	玉 门	40°16′	大 同	41°06′
大　连	38°54′	银 川	38°27′	太 原	37°47′
北　京	39°48′	天 津	39°06′	晋 城	35°28′
济　南	36°41′	南 昌	28°40′	厦 门	24°27′
泰　安	36°10′	开 封	34°46′	广 州	23°24′
德　州	37°26′	温 州	28°01′	海 口	20°02′
上　海	31°10′	宜 昌	30°42′	成 都	30°40′
南　京	32°00′	长 沙	28°12′	重 庆	29°35′
合　肥	31°51′	南 宁	22°49′	贵 阳	26°35′
杭　州	30°19′	北 海	21°29′	昆 明	25°01′

(2)通风良好　规模化养猪各类猪舍中，猪只集中饲养，数量大，密度高。由于猪只的散热和排泄，使舍内湿度高，有害气体浓度大，需要通风换气，夏季需要通风降温。现阶段，我国规模化猪场大都采用有窗猪舍。有窗猪舍可以通过窗户的开闭，调节通风量，也可以设排风机和风口，实行机械通风。

(3)坚固实用　猪对地面或者地面以上 1 米以内的猪舍设施有破坏作用。猪舍内由于用水和猪排泄粪尿，湿度较大。因此，猪舍地面、栏杆、挡板及墙面应防水防渗、坚固结实，并能牢固安装、承受猪舍内设备。猪栏大小、猪舍高度，要适合猪的生理特征和生产需要，便于管理，有利于猪舍内小气候的控制和改善。

5. 猪场粪尿处理有哪些方式?

猪场粪尿处理系统包括粪尿收集、固液分离及无害化处理等过程，一般有 4 种处理方式：

一是猪粪尿通过机械刮粪、人工清粪或粪尿自流收集后，固形物进行堆积发酵，做肥料使用，液态物厌氧处理，浇地或者施肥用。

二是猪粪尿通过厌氧发酵（化粪池）后，固形物做肥料使用，液体自然曝气后浇地或者施肥用。也可将猪粪尿送入沼气池，进行沼气供热、发电。沼渣做肥料使用。

三是猪粪尿自然沉淀后，浓稠物干燥脱水，作肥料使用。液体进行发酵利用。

四是猪粪尿集中后，使用机械固液分离，对固形物进行干燥脱水，用作肥料，对液体进行氧化发酵后排放或者利用。

6. 猪场消毒的种类有哪些？

按消毒的目的可以分为以下 3 种情况。

(1)预防性消毒 结合平时的饲养管理，对猪舍、场地、用具和饮水等进行定期消毒，以达到预防传染病的目的。此类消毒一般 1～3 天进行 1 次，每 1～2 周进行 1 次全面大规模的消毒。

(2)临时消毒 在已经发生了传染病的情况下，为了及时消灭刚从病猪体内排出的病原体而进行的消毒措施。消毒的对象包括病猪所在的圈舍、隔离场地以及被病猪的分泌物、排泄物污染和可能污染的一切场所、用具和物品。一般在解除封锁前进行定期的多次消毒，病猪隔离舍应该每天消毒 2 次以上或者随时进行消毒。此时的消毒剂也应该交替使用，避免多次使用单一消毒剂。

(3)终末消毒 是指猪全部出栏或病猪痊愈或死亡后，为了彻底消灭残留的病原体而进行的全面彻底的大规模消毒，以防止危害下一批次的猪。

7. 猪场常用的消毒方法有哪些?

猪场常用的消毒方法有机械性清除、物理消毒法、化学消毒法及生物热消毒法。

(1)机械性清除 用机械的方法如清扫、洗刷、通风等清除病原体,是最普通、最常用的方法。如猪舍地面的清扫和洗刷、猪体表和被毛的刷洗等,可以将猪舍内的粪便、垫草、饲料残渣等清除干净,并将猪体表的污物去除。随着这些污物的清除,大量的病原体也被清除。在清除之前,应该根据猪舍或场地是否干燥,病原危害性大小决定是用清水或消毒剂喷洒,以避免打扫时尘土飞扬,造成病原体散播,影响人和猪的健康。清扫出来的污物,应进行发酵、掩埋、焚烧或者其他药物处理。机械清除可以除去环境中85%以上的病原体,并且由于除去了各种有机物对病原体的保护作用,所以可以使随后进行的化学消毒剂对病原体发挥更好的杀灭作用。由于机械清除不能将病原体全部除去,所以清扫之后必须采用其他消毒方法进一步消毒,才能将残留的病原体消灭干净。

(2)物理消毒法 物理消毒法包括阳光、紫外线和高温。

①阳光 阳光是天然的消毒剂,其光谱中的紫外线具有较强的杀菌能力,阳光的灼热和蒸发水分引起的干燥亦有杀菌作用。一般病毒和非芽胞性病原菌,在直射的阳光下经过几分钟至几个小时可以被杀死,就是抵抗力很强的细菌芽胞,经连续几天的强烈的阳光反复暴晒,也能使其毒力变弱或被杀灭。因此,阳光对于猪场用具和物品等消毒具有很大的现实意义,应该被充分利用。但阳光的消毒能力大小取决于很多条件,如季节、时间、温度、天气等。因此利用阳光进行消毒

要灵活掌握，并配合其他消毒方法。

②紫外线　在猪场的某些特殊场所，可使用人工紫外线进行消毒。对消毒室、兽医室等使用紫外灯管消毒时，需要注意灯管的高度，一般在距离灯管 1.5～2 米处为有效消毒范围，对于污染物表面进行消毒，一般距离控制在 1 米以内，消毒时间一般为 1～2 小时。

③高温　是最彻底的消毒方法之一，包括火焰灼烧及烘烤、煮沸消毒和蒸汽消毒。

a. 火焰灼烧及烘烤　是简单而有效的消毒方法。缺点是很多物品不能灼烧，因此在猪场应用的并不是很广泛，只能对猪舍墙角、金属制品，或者被病原污染的污物等进行消毒。

b. 煮沸消毒　是猪场经常使用且效果确实的消毒方法。大部分非芽胞病原微生物在 100℃的沸水中迅速死亡。大多数芽胞煮沸后 15～30 分钟内亦能致死。煮沸 1～2 小时可消灭所有的病原体（细菌、病毒及芽胞）。各种金属、木质、玻璃用具、衣物等都可以进行煮沸消毒。将煮不坏的被污染物品放入锅内，加水浸没物品，加少许碱，如 1%～2%的苏打、0.5%的肥皂或者苛性钠等，可使蛋白、脂肪溶解，防止金属生锈，提高沸点，增强灭菌作用。

(3)化学消毒法　在猪场防疫中，常用化学药品的溶液来进行消毒。化学消毒的效果取决于许多因素，例如病原体抵抗力的特点、所处环境的情况和性质、消毒时的温度、药剂的浓度、作用时间长短等。在选择化学消毒剂时应考虑对该病原体的消毒力强，对人和猪的毒性小，不易损害被消毒的物品，易溶于水，在消毒的环境中比较稳定，不易失去消毒作用，廉价易得和使用方便等。猪场常用的消毒剂有以下几种：

①碱类消毒剂　如火碱、生石灰和草木灰。火碱不能用

于猪体消毒，3%～5%溶液作用30分钟以上可杀灭各种病原体。10%～20%的石灰水可涂于消毒床面、围栏、墙壁，对细菌、病毒有杀灭作用，但对芽胞无效。

②双季铵盐类消毒剂　如双季铵盐、双季铵盐络合碘。此类药物安全性好，无色、无味、无毒，应用范围广，对各种病原均有强大的杀灭作用。

③醛类消毒剂　如甲醛溶液（福尔马林）。仅用于空舍熏蒸消毒（舍内有动物则不能用）。使用方法：按每立方米空间用甲醛14毫升、水14毫升、高锰酸钾7克，先将盛有高锰酸钾的容器放于舍内中间，再将甲醛溶液倒入，人员随即迅速离开，密闭熏蒸24小时，开窗换气后待用。注意不要将高锰酸钾倒入甲醛溶液中，以免烫伤。

④氧化剂　如过氧乙酸。可用于载猪工具、猪体等消毒，配成0.2%～0.4%的水溶液喷雾。

⑤卤素类消毒剂　如漂白粉、碘伏、百毒杀等。

(4)生物热消毒法　生物热消毒法主要应用于病死猪的尸体和污染的粪便的无害化处理。

8. 猪场常用的消毒设施有哪些？

为了预防外来病原微生物传入本场和及时消灭本场的病原微生物，一般规模化猪场应该配备以下消毒设施：

(1)消毒室　该设施是对进入猪场的人员进行消毒。一般设在猪场大门口门卫室旁边，在消毒室内地面上铺上消毒地垫，定期补充消毒液，用于对入场人员的鞋底消毒。在消毒室顶棚设置紫外灯管，一般在不同的方向设置4根，保证对进入消毒室的人员从不同的角度全方位进行紫外线照射消毒，进行入场人员的衣服等表面消毒。同时消毒室配备消毒液和水盆，供入场人员洗手消毒使用。

(2)消毒更衣室 供本场人员进入生产区使用。一般猪场人员先换好专用的工作服和鞋子，进入消毒通道，从消毒池中穿过。

(3)大型消毒池 一般设置于生产区的正门，供出入的车辆通过时消毒使用。其中消毒池的宽度要超过最大车轮周长的1倍半，深度不少于10厘米。

(4)小型消毒池 一般设置于猪舍门口，供出入猪舍的人员消毒鞋底使用。深度一般不少于10厘米。

(5)焚尸池 用于对病死猪尸体的处理，大小可以根据猪场规模而定。

9. 常用消毒器械有哪些?

(1)喷雾器 用于喷洒消毒剂，猪场可依据情况使用手动式、机动式或电动式喷雾器。手动式喷雾器可用于单栋猪舍消毒，机动式喷雾器可用于环境消毒，电动式喷雾器常用于封闭式猪舍消毒。

(2)火焰消毒器 用于猪舍墙面、墙角及设备消毒，可酌情使用酒精、汽油或天然气作燃料的火焰消毒器。

(3)煮沸消毒器和高压灭菌器 用于兽医诊疗器械的煮沸消毒，比如使用完毕的注射器、针头等，必须进行煮沸或者高压灭菌后再使用。

10. 如何对猪场固有设施及猪只进行消毒?

猪场应该经常对栏圈、空舍、用具、产房等进行消毒。

(1)栏圈消毒 可用10%～20%石灰乳，30%热草木灰溶液，1%～3%氢氧化钠，10%～20%漂白粉乳剂或0.05%～0.5%过氧乙酸，3%～5%来苏儿，0.3%～1.0%菌毒敌，0.25%～0.50%抗毒威等消毒液。上述消毒药用量为地面0.5～2.0千克/平方米，墙壁0.5～1.0千克/平方米。对带猪栏圈消毒，上述消毒药液浓度可适当降低。也可用对人畜无害的消毒液，如10%百毒杀，0.5%强力消毒灵等喷洒消毒。

(2)猪舍空舍消毒 对采用"全进全出制"饲养方式的猪场，在引进猪群前，应按以下顺序进行空舍消毒：清除猪舍内的粪尿及垫料，并做无害化处理；用高压水彻底冲洗顶棚、墙壁、门窗、地面及其他一切设施，直至洗涤液透明为止；猪舍经水洗、干燥后，关闭门窗，用福尔马林（每立方米空间14～28毫升），加7～14克高锰酸钾熏蒸消毒12～24小时，然后开窗通风24小时；也可用3%～5%过氧乙酸溶液加热熏蒸，1～3千克/立方米空间，并密闭1～2小时；也可用火焰喷射器彻底消毒。

(3)猪体消毒 用活动喷雾装置对猪体进行喷雾消毒，每日用0.1%新洁尔灭，3%～5%来苏儿对猪体进行喷雾消毒1次（用量按每头猪0.4升），可有效控制猪气喘病、猪萎缩性鼻炎等，其效果比抗生素鼻内喷雾和饲料拌喂或疫苗接种更好些。猪体喷雾消毒时，要求喷雾雾滴50～100微米，射辐1～2米，射程10～15米。

(4)饲管用具消毒 猪饲槽、饮水器及其他用具需每天洗刷，定期用1%～3%来苏儿或0.1%新洁尔灭消毒，舍内垫料每周更换1次，新更换垫料应事先消毒，可采用福尔马林熏蒸消毒。

(5)产房消毒 先将产房地面和栏墙用水冲洗干净，干燥后用3%～4%克辽林或来苏儿溶液喷雾，间隔1小时，用火焰喷射器消毒，最后用福尔马林熏蒸1昼夜，次日打开门窗进行检查。用无菌棉球擦抹1平方厘米的地面、墙壁和池槽，放入盛有1%～2%氨水的瓶中5～10分钟，取出再放入另一盛有1%～2%氨水的瓶中，2小时后，取瓶内溶液0.1毫升接种于普通琼脂培养基，37℃培养48小时，其间每隔24小时检查大肠杆菌的菌落数，菌落在5个以下为合格。消毒后产房经检查合格后才准进猪，除饲养人员外，其他人员一律不准进入产房。

11. 如何对进入猪场的人员和物品进行消毒?

进入猪场的人员、车辆和物品都需要进行严格消毒。

进入猪场的所有人员，须经"踩，照，洗，换"四步消毒程序（在大门口的消毒室踩消毒垫，接受紫外线照射5～10分钟，消毒药液洗手，更换场区工作服和胶靴），经过专用的消毒通道进入场区。对于无法拒绝的非本场人员，更应严格遵守并执行上述程序。

进入厂区的车辆，必须经过大门口的消毒池。场区入口处的车辆消毒池长度应为3～4米，宽度与整个入口相同，池内药液深度为15～20厘米，并配置低压消毒器械，以利于对进场的生产车辆实施喷雾消毒，要求喷雾雾滴60～100微米（其中有效雾滴80%，雾面1.5～2米，射程2～3米，动力10～15千克力的空气压缩机。消毒液用3%来苏儿（苯酚皂溶液）、克辽林或1%～2%福尔马林（36%～40%甲醛溶液）等，消毒对象是车身、底盘和车辆停留处及周围，药液用量以完全充分湿润为最低限度。

进入场区的所有物品，必须根据物品特点选择使用多种消毒形式（如紫外灯照射30～60分钟，消毒药液喷雾、浸泡或擦拭等）中的一种或组合进行消毒处理。

需进入生产区的生产车辆必须经过再次的喷雾消毒方可进入，消毒范围和药液用量参考场区入口处的车辆消毒要求。

每栋猪舍入口处均设消毒脚盆和洗手盆，并定期更换消毒液，在人员进出各舍时，双脚踏入消毒盆，并自觉进行手部消毒，特别是猪场的兽医技术人员。

12. 猪场终末消毒应该遵循什么程序？

规模化猪场的终末消毒是防止病原微生物扩散、保证猪群健康和防止疫病发生的重要措施，其操作应遵循以下全部或尽可能全部的基本程序。

(1)卫生清扫和物品整理 空舍或空栏后，清除干净栏舍内的所有垃圾和墙面、顶棚、通风口、门口、水管等处的尘埃及料槽内的残料，并整理舍内各种用具，如小推车、笤帚、铁锹等。

(2)栏舍、设备和用具的清洗 首先对空舍内的所有表面进行低压喷洒并确保其充分湿润，必要时进行多次的连续喷洒以增加浸泡强度。喷洒范围包括墙面、料槽、地面或床面、猪栏、通风口及各种用具等，尤其是料槽，有效浸泡时间不低于30分钟。其次使用冲洗机高压彻底冲洗墙面、料槽、地面或床面、饮水器、猪栏、通风口、各种用具及粪沟等，特别是不容易冲洗的地方如料槽和接缝处。直至上述区域做到尽可能的干净清洁为止。最后使用冲洗机低压自上而下喷洒墙面、料槽、猪栏、饮水器、通风口、各种用具及床面或地面等，清除在高压冲洗过程中可能飞溅到上述地方的污物。随后保持尽可能长的晾干时间，但不应超过1个小时。

(3)栏舍、设备和用具的消毒　使用选定的广谱消毒药自上而下喷雾或喷洒，保证舍内的所有表面（墙壁、地面等）及设备（料槽、饮水器等）、用具均得到有效消毒。在均匀喷雾或喷洒的基础上，对病弱猪隔离栏、接缝处等有所侧重。消毒后猪舍保持通风干燥，空置3～5天。

(4)恢复舍内的布置　在空舍干燥期间对舍内的设备、用具等进行必要的检查和维修，重点是料槽、饮水器等，堵塞舍内鼠洞，做好舍内药物灭鼠工作，充分做好入猪前的准备工作。

入猪前1天再次对空舍进行喷雾消毒。

13. 猪场消毒应该注意哪些事项？

其一，对圈舍进行化学消毒时，必须先进行彻底的机械清除和冲刷。如果猪舍中有有机物存在，可使药物的杀菌作用大为降低，而且有机物被覆于菌体上，阻碍与药物接触，对病原体起着机械的保护作用。因此，对猪舍中的有机物，包括粪便、分泌物、排泄物、饲料残渣等，必须彻底清扫、冲洗干净。

其二，每种消毒剂的消毒方法和浓度各有不同，应按产品说明书配制。对于某些有挥发性的消毒药（如含氯制剂）应注意保存方法是否适当，保存期是否已超过，否则消毒效果减弱或失效。对毒力大、抵抗力强、致病力高的病原微生物如猪瘟病毒、炭疽杆菌，配消毒药浓度可以适当高些；对大肠杆菌、猪丹毒杆菌、布氏杆菌等抵抗力较弱的病菌，浓度可适当低些，消毒液要现配现用。

其三，对于氢氧化钠、石炭酸、过氧乙酸等腐蚀性强的消毒药，在进行消毒时，如不注意会烧伤黏膜、皮肤，要做好防护工作。把猪只赶出栏圈外，氢氧化钠消毒后 6～12 小时，用水清洗干净后将猪赶回原圈，以免蹄壳、皮肤受损害。有挥发性气味的消毒药，如来苏儿等，应避免污染饲料、饮水，否则影响猪食欲。

其四，几种消毒剂不能同时混合使用，以免影响药效，特别是酸性消毒剂与碱性消毒剂绝对不可以混用。

其五，消毒时，如果温度过低，会影响消毒效果。一般夏季化学消毒剂浓度可以低一点，冬季高一点，天气冷或为了提高消毒灭菌效力，可对热水，使消毒液温度达到 10℃～15℃，在寒冷冬天对舍外地面消毒时，可以在消毒液内添加适量食盐，提高消毒效果。

14. 猪场消毒后，消毒效果如何检查?

目前大部分猪场很注重消毒，从消毒药的选取到消毒的实施，一般都不会忽视，但是，却很少有猪场真正去考虑消毒做完之后，究竟取得预期的消毒目的没有，这是应该引起规模化猪场注意的一个问题。

规模化的猪场可以就近请有条件开展细菌培养的实验室协助开展消毒效果检查。一般可在消毒前和消毒后分别用棉签(粘取少许灭菌生理盐水)擦拭消毒对象表面，然后将棉签放置于装有少许灭菌生理盐水的青霉素瓶内，送实验室培养，检查消毒前和消毒后细菌生长的不同，从而判定消毒效果。

15. 发生疫情后处理的一般原则有哪些?

(1)早隔离　一旦发现猪表现出病症，及时进行隔离，防止传染给其他健康猪只。

(2)早诊断　猪场一旦有猪表现出不良症状，要尽早进行疫情的诊断。只有将病情进行确诊,才能进一步采取有效措施进行控制。

(3)早治疗 诊断后,及时投放药物进行治疗。疫情初期进行药物治疗,会达到事半功倍的效果,一旦疫情严重,药物控制往往效果不佳。

(4)做好场舍的消毒工作 很多猪场发生疫情后,只注重了药物的治疗作用,忽略了对场舍的消毒工作,没有及时消灭环境中的病原微生物,造成有的猪在逐渐康复、有的猪新感染发病的现象,因此要做好对场舍的消毒工作。

(5)实行紧急免疫接种 对临近猪舍的健康猪进行紧急接种,使其产生特异的抵抗力。

16. 病死猪进行剖检和送检时有哪些注意事项?

(1)剖检 疫病发生后,死亡的动物大多具有一定的病理变化,有些病如猪瘟、猪气喘病等还有特征性的病理变化,具有很大的诊断价值,可以作为诊断依据之一。病理剖检应该由兽医人员在规定的地点和场所来完成,不可任意随地剖检,以免造成污染,散播疾病。如果怀疑为炭疽等烈性传染病时,严禁剖检。

做病理剖检时应注意顺序:先观察病死猪外观变化,包括被毛、皮肤变化,天然孔有无出血,体表有无肿胀及异常,四肢及头部有无异常等。然后检查内脏,先胸腔后腹腔,先看外表(浆膜)再切开实质脏器;先检查消化道以外的器官组织,最后检查消化道。检查时主要注意心、肝、脾、肺、肾、膀胱、喉头等有无出血、肿胀、坏死或炎症等。

由于一个病例不可能表现出所有的病理变化,所以剖检时应该剖检尽量多的病例。有的最急性的，或者非典型性的病理，往往缺乏特征性的病理变化，因此剖检时应该选择症状比较典型、病程长、未经治疗的自然死亡病例进行剖检。

(2)病料的采集与送检 正确采集病料是进行检测的重要环节，病料力求新鲜，最好能在濒死时至死后数小时内采取；应该减少病原菌的污染，用具最好进行消毒处理；采集的部位应病变比较明显，并且容易包装与保存，利于运送。送检时应进行严密包装，防止病原体的泄露，尽量采取低温保存。可以在泡沫盒内放置少许冰块，利于病料的保鲜。

17. 实验室检测技术对猪场疫病防控有何意义？

随着畜牧兽医技术的不断进步，猪的养殖品种和养殖技术都有了很大的改进。人们在享用新技术带来进步的同时却惊异地发现猪越来越难养，猪病越来越多，现在的猪病呈现非典型化和复合感染的趋势。如果现在还仅仅依靠常规的临床解剖，我们会发现对看到的现象越来越困惑和不解。因此，对目前的状况，我们不但要改善猪群生长环境和饲料配方，提高猪的抵抗力，而且要努力构建猪群疫病防控体系，实验室检测是重中之重，不可缺少。抗体检测技术可以反映猪体内的抗体水平，对免疫预测及疫苗程序的制定有积极的指导意义。药敏实验可以筛选敏感药物，无论对发病猪治疗用药，或者对健康猪筛选预防用药都有积极意义。PCR 检测技术可以短时间内对疾病进行检测，使猪病得到正确的诊断和治疗，大大降低经济损失。因此，猪病实验室检测技术对养猪业有积极意义。目前在猪场常用的实验室检测技术主要是抗体检测技术、PCR 诊断技术和药敏实验技术。

18. 抗体检测技术在猪场有哪些应用?

抗体检测技术在猪场应用,可以帮助猪场确定疫苗的首免日龄,检测疫苗的免疫效果,了解猪场有没有野毒感染等。

(1)评估猪瘟、猪伪狂犬病、蓝耳病等母源抗体的消长状况以决定首免时机 由于各猪场的断奶时间、饲养模式、所用疫苗、免疫剂量、母源抗体不同,盲目地照抄照搬某免疫程序,极易造成免疫失败而导致猪瘟、伪狂犬病等的发生。国内仔猪免疫计划的不成功时有发生,母源抗体干扰是其中重要的因素。所以,在使用疫苗尤其是活苗的时候,一定要考虑母源抗体的影响,最可靠和可行的方法就是通过血清学检测方法来测定母源抗体的消长,确定免疫接种的最佳时机。

(2)了解猪场各猪群的猪瘟、猪伪狂犬病和蓝耳病免疫产生抗体状况,评估免疫效果 尽管各猪场都进行猪瘟和伪狂犬病的免疫,但免疫效果受猪体状态、疫苗质量和操作等方面的影响,所以应该定期按比例抽取猪的血液进行抗体检测,以了解猪群免疫水平高低和抗体水平的整齐度,了解疫苗免疫效果如何(抗体水平、均匀度、持续时间)。

(3)了解猪群中猪伪狂犬病野毒感染状况,逐步剔出阳性猪只,使猪群得到净化 通过试剂盒,检测缺失部分产生的抗体,从而判定是否为野毒感染。

19. 进行抗体检测时,血液样品如何采集?有什么要求?

可用一次性注射器由猪耳静脉或前腔静脉采取2～3毫升血,采好后将注射器栓轻轻后拉一些,使注射器内留一些空间,对血样编号,待血液自然凝固后即可送检。送检过程及保存要置于冷藏(4℃)状态,密封,加冰。

使用 ELISA 检测血液内猪瘟抗原时,需要采抗凝血;在注射器中事先加入适当的抗凝剂后采血,然后冷藏(4℃)保存。

对于健康监测,采样单要包括送样单位名称、免疫程序、疫苗种类、疫苗生产厂、免疫剂量、采样对象、样品编号等基本描述。

20. PCR 技术在猪场中有哪些应用?

PCR 检测技术可以用于猪场疫病的诊断,帮助猪场净化某些传染病。

(1)疾病的诊断 由于猪场疾病日益复杂,单纯地使用临床诊断已经难以适应疾病诊断需要,PCR 技术可以通过检测病原基因,从而确定所感染病原体的种类,其诊断具有快速准确等优点。目前猪场重要疫病都可以通过 PCR 检测进行确诊。

(2)猪群的净化 很多病原在猪体内存在但是并不一定引起发病,而这些病原却可以通过交配、胎盘等传播,所以对种猪场危害较大,采用种猪的血液或者扁桃体,进行 PCR 检测,可以筛查出感染的阳性猪并将其淘汰,从而起到对猪场的净化作用。

21. 药敏实验技术在猪场中有哪些应用?

(1)猪场发生细菌病时筛选敏感药物 由于猪场用药缺乏科学的指导,目前猪场普遍存在耐药现象,所以只根据临床经验选用的药物往往治疗效果不佳,所以简单根据临床经验选用药物进行疾病的治疗,不但得不到应有的效果,贻误了最佳治疗时机，使猪场伤亡增加，损失加大，又增加了药费的负担。所以规模化猪场有必要进行药敏实验，从而筛选出敏感药物进行治疗。

(2)对规模化猪场进行前期药敏实验，指导预防用药 猪场预防用药是防疫工作所必需的一个环节。但是，究竟投放的预防药物是否有效，很多猪场对此都很茫然，甚至有些人认为预防用药只是一种心理安慰。如果对猪场进行前期药敏实验，则可以筛选出敏感的药物投放，从而收到应有的预防效果。

22. 实验室检测的结果受哪些因素的影响?

影响实验室检测结果的因素比较多，其中包括检测试剂盒的因素、操作人员的因素和使用仪器的因素。

(1)试剂盒因素 试剂盒是影响检测结果的首要因素。有些厂家生产的试剂盒尽管价格比较低，但是准确度和灵敏度都比较低，所以就直接影响了检测效果。

(2)人员因素 即使是质量比较好的试剂盒，也需要专业人员来操作。目前市场上出现了很多检测机构，有的药品经销商甚至也投资几万元建立了小型的化验室，雇佣临时工来进行检测。检测技术是一项专业技能，不经过系统的训练很难掌握，所以临时雇用人员的技术很难保证，从而影响了检测结果。

(3)检测设备 有些实验结果需要仪器来读数和分析，例如检测抗体的 ELISA 实验，在操过过程中需要使用洗板机和酶标仪，有的单位没有洗板机，单纯的使用手工洗，从而导致结果之间产生误差。

由于检测结果受以上因素影响，所以建议猪场在寻求实验室检测技术时要选择正规的科研院所帮助进行操作。

23. 建立猪病检测实验室需要哪些基本配置?

猪病检测实验室配置主要包括三方面：一是仪器设备；二是试剂及耗材；三是操作人员。

(1)仪器设备 建设一个包括抗体检测、PCR 诊断和药敏试验的猪病检测实验室需要以下仪器设备：

①高速离心机 供进行抗体检测时分离血清使用，供PCR 诊断时提取病料内的核酸使用；

②酶标仪 供进行抗体检测时读数使用；

③洗板机 供进行抗体检测中的 ELISA 操作时洗掉没有结合牢固的反应物使用；

④移液器 供进行抗体检测时 ELISA 操作使用，供PCR 提取核酸或者加样使用；

⑤恒温箱 供进行抗体检测时 ELISA 板孵育使用，供药敏试验时培养细菌使用；

⑥PCR 仪 供 PCR 诊断使用；

⑦凝胶成像系统或者紫外灯配备数码照相系统 供阅读PCR 结果使用；

⑧超级净化工作台 供药敏试验时无菌操作使用；

⑨显微镜 观察细菌，进行细菌学诊断使用；

⑩高压灭菌器 供对玻璃仪器的灭菌，培养基的灭菌使用；

⑪冰箱与冰柜 贮存试剂和样品使用；

⑫计算机 ELISA 检测读数，分析结果使用；数据储存分析使用；连接显微镜，进行细菌形态照相使用；

⑬实验台 供操作使用。

(2)试剂 对于进行 ELISA 抗体检测，需要购置各种疫病的 ELISA 抗体诊断试剂盒。目前市场上生产抗体检测试剂盒的厂家比较多，效果和价位不一。但目前市场不规范，很多试剂盒尽管价位低廉，但在检测过程中准确性差，敏感性低，因此检测效果不理想。有些不具备建立检测实验室条件的猪场，在选择检测机构时一味追求低价位，其检测效果不理想，往往会起误导作用，贻误最佳治疗时机。

(3)人员　操作人员对一个检测实验室起着至关重要的作用，即使有最先进的仪器设备和试剂，没有专业的操作人员，也很难取得预期的效果。很多规模化猪场完全具备购置、建立实验室需要的设备和试剂的能力，仓促上了实验室项目，但是忽略了操作人员的问题，有时抽调本场的兽医人员进行简单的培训，或者向科研院所聘请技术指导，但往往对试验操作细节注意不到，检测效果不理想。

所以规模化猪场在建立检测实验室之前，应该物色好合适的人选，再进行仪器设备的购置等。

24. 建立猪病检测实验室应该注意哪些问题？

建立猪病检测实验室要考虑两个方面的因素，一方面是其必要性，另外一方面是可行性。

(1)必要性　尽管目前猪病比较复杂，实验室检测技术在猪场的应用日益广泛，但并不意味着每一个猪场都需建立实验室。尽管猪场需要实验室检测，但不是每天都进行检测，只需要进行定期的抗体检测和药敏试验，疫病发生时利用药敏试验筛选敏感药物或者用 PCR 方法进行疾病的诊断。所以，从利用率上讲，每一个猪场建立一所猪病诊断实验室，是一种资源的浪费。但规模化的猪场，基础母猪存栏量在 1 000 头以上的猪场，可考虑建立检测实验室。对于养殖规模小的猪场，不建议盲目进行猪病检测实验室建设。

（2）可行性 实验室的建设和运转，需要投入较高的财力与人力。尽管在启动实验室时仪器投资不是很高（最基本配置的在 10 万元左右，中档配置的在 18 万～20 万元左右）。但运转时检测试剂盒的成本较高，进一套试剂盒一个猪场很难在其保质期内使用完，所以在运作成本上讲不可行。另外，猪病检测实验室需要掌握细菌学、分子生物学知识专门的实验室人员，人员的要求对一般的猪场很难做到。

所以建议一般的猪场尽量不要单独建立实验室，否则很容易成为一个包袱。建议与一些科研院所联合建立，或者建立一种长效合作机制，可以降低投入，提高检测效果。

25. 猪场进行抗体检测时有哪些注意事项？

（1）方法的选择 目前检测抗体的方法较多，常用的有 ELISA 法、金标试纸条法、乳胶凝集法等。ELISA 法是目前猪场应用最多的抗体检测方法，该方法具有准确度高、可批量检测等优点，但需要一定的仪器设备。金标试纸条法和乳胶凝集法简便快捷、不需要特殊仪器设备，但特异性和准确性相对低于 ELISA 法。

（2）血样的采集 抗体检测一般使用的样本是血清，所以有条件的规模化猪场采集血液后，可以用离心机分离血清，冷冻保存，低温送检。对于规模较小的猪场，可以直接用一次性注射器采血后，冷藏保存，低温送检。注意采血后将注射器拉栓再回抽 1～2 毫升，使针管内有空气存在，利于血清的析出。

（3）送检 猪场采集样品后，尽量马上送检，如果条件不允许，可以将血液进行冷藏，将血清样品或者希望利用 PCR 检测的样品进行冷冻保存。

二、猪场免疫技术

26. 猪场常用疫苗有哪几类?

猪场常用的疫苗有弱毒活疫苗、灭活苗等。

(1)传统疫苗 指以传统的常规方法,用细菌或病毒培养液或含毒组织制成的疫苗。传统疫苗在防制畜禽传染病中,起到重要的作用。我们目前所使用的疫苗,主要是传统疫苗。传统疫苗,包括以下主要类型:

①灭活疫苗 又称死疫苗,以含有细菌或病毒的材料,利用物理或化学的方法处理,使其丧失感染性或毒性而保持有良好的免疫原性,接种动物后能产生主动免疫或被动免疫。灭活苗又分为组织灭活苗、培养物灭活苗(猪细小病毒疫苗)。此种疫苗无毒、安全、疫苗性能稳定,易于保存和运输,是疫苗发展的方向。

②弱毒疫苗 又称活疫苗,是微生物的自然强毒通过物理、化学方法处理和生物的连续继代,使其对原宿主动物丧失致病力或只引起轻微的亚临床反应,但仍保存良好的免疫原性的毒株,用以制备的疫苗(如猪瘟兔化弱毒疫苗)。此外,从自然界筛选的自然弱毒株,同样可以制备弱毒疫苗。

③单价疫苗 利用同一种微生物菌(毒)株或一种微生物中的单一血清型菌(毒)株的增殖培养物所制备的疫苗称为单价疫苗。单价苗对相应之单一血清型微生物所致的疾病有良好的免疫保护效能。

④多价疫苗 指同一种微生物中若干血清型菌(毒)株的

增殖培养物制备的疫苗。多价疫苗能使免疫动物获得完全的保护。

⑤混合疫苗　即多联苗，指利用不同微生物增殖培养物，根据病性特点，按免疫学原理和方法，组配而成。接种动物后，能产生对相应疾病的免疫保护，可以达到一针防多病的目的（如猪瘟、猪丹毒、猪肺疫三联苗）。

⑥同源疫苗　指利用同种、同型或同源微生物制备的，而又应用于同种类动物免疫预防的疫苗（如猪瘟兔化弱毒苗、猪流行性腹泻疫苗）。

(2)基因工程苗　利用基因工程技术制取的疫苗，包括亚单位疫苗、活载体疫苗、基因缺失苗及核酸疫苗。

①亚单位疫苗　微生物经物理、化学方法处理，去除其无效物质，提取其有效抗原部分（如细菌荚膜、鞭毛，病毒衣壳蛋白等），制备的疫苗（如猪大肠杆菌菌毛疫苗）。

②活载体疫苗　应用动物病毒弱毒或无毒株（如痘苗病毒、疱疹病毒、腺病毒等）作为载体，插入外源抗原基因构建重组活病毒载体，转染病毒细胞而产生的（如狂犬病活载体疫苗）。

③基因缺失苗　应用基因操作，将病原细胞或病毒中与致病性有关物质的基因序列除去或失活，使之成为无毒株或弱毒株，但仍保持免疫原性（如猪伪狂犬病基因缺失苗）。

④核酸疫苗　应用一种病原微生物的抗原遗传物质，经质粒载体 DNA 接种给动物，能在动物细胞中经转录转译合成抗原物质，刺激动物产生保护性免疫应答。

27. 活疫苗与灭活疫苗各有何优缺点?

活疫苗与灭活疫苗各有优缺点，在使用过程中要根据猪场及猪群的具体情况进行选择。

(1)活疫苗的优缺点

①优点　a. 活疫苗由于进入体内仍然可以增殖，所以接种免疫时一般剂量较小。b. 产生的免疫力坚强而且较持久，产生免疫力快(一般3～7天可产生一定免疫力)，并可促进机体细胞免疫反应。部分疫苗有紧急预防的功效，如猪瘟活苗、伪狂犬活疫苗、猪呼吸与繁殖综合征活疫苗等。c. 可仿自然感染的途径接种，可产生全身及局部抗体。d. 局部地区密集接种可消灭某些传染病，如欧美一些发达国家利用猪瘟活疫苗及伪狂犬基因缺失活疫苗有计划地预防接种，配合其他措施已有效的消灭猪瘟和控制伪狂犬病。

②缺点　a. 有些疫苗毒株不稳定，存在返祖、返强的可能，目前我国还没有弱毒活苗毒株返强的报道。但在丹麦发现了猪呼吸与繁殖综合征活疫苗弱毒株返强的报道。b. 疫苗中可能污染其他病原，可能构成自然散毒。c. 毒力偏强的毒株可能引发一些接种反应，母源抗体干扰疫苗保护力抗体的产生，抗体水平不太整齐。d. 活疫苗需冷冻真空干燥，需在低温条件下贮存及运输。e. 细菌活苗接种一般需要佐剂类稀释液，有些病毒性活苗需用专用稀释液。如：伪狂犬活苗，乙型脑炎活苗及猪繁殖与呼吸综合征活苗等。

(2)灭活疫苗的优缺点

①优点　a. 疫苗稳定，安全性好。b. 油乳剂灭活苗免疫维持期较长。c. 贮藏及运输要求不高(2℃～8℃的阴暗、避光环境)。d. 使用方便，不需稀释，直接使用，接种前疫苗应恢复到常温并充分摇匀。一般采取肌注方法接种。

②缺点　a. 用量较大，需多次接种。c. 需要注射，油乳剂苗接种外血源品系猪接种反应率较高。d. 难以产生局部免疫力，紧急预防接种效果不好。e. 抗原需量大，浓度高，制

作工艺复杂。

28. 购买疫苗时应该注意哪些事项?

购买疫苗时,首先要考虑这种疫苗在本场有没有必要进行免疫。有的地区或猪场,没有某些猪病的存在或极少发生,在这种情况下,一般可以不进行该病的免疫。并且在选择疫苗时,一定要根据本场的实际情况,尽量选择适合自己猪场的疫苗及相应的血清型。

确定要免疫某种病的疫苗后,就要考虑使用什么厂家生产的疫苗,尽管现在生物制品厂很多,但是产品的质量参差不齐,所以尽量选择通过 GMP 验收的生物制品企业生产,具有农业部正式生产许可证及批准文号的产品。

疫苗的质量受多方面因素的影响,所以,即使选定了疫苗厂家,在购买时,尽量在当地动物防疫部门购买疫苗,不要在一些非法经营单位购买,以免买进伪劣疫苗。在选购时应仔细检查疫苗瓶,凡疫苗瓶破裂、瓶盖松动、无标签、标签字迹不清、苗中混有杂质、变色、灭活苗破乳分离、已过期失效、未按规定条件保存、失真空的疫苗等均不得选用。

29. 疫苗贮存和运输时应该注意哪些事项?

疫苗的贮存和运输过程直接影响到疫苗的质量。

(1)贮存 猪场使用的疫苗分为活疫苗和灭活疫苗。其中活疫苗,一般需要低温冷冻保存,温度一般要低于－20℃,而且具有保存温度越低、保存时间就越长的特点。在缺乏冷冻冷藏的地方,短时间贮存,可以暂时存放在背阴处,温度最好在 15℃以下,并应注意保存期。而灭活疫苗一般做成油苗,贮存时一般温度可以在 2℃～10℃,不需要冷冻保存。注意，油乳剂疫苗禁止冷冻，否则在融化时会出现分层现象，影响其使用效果。

(2)疫苗的运输 活疫苗在运输时一般要求"冷链"，即要求冷藏工具，如冷藏车、保藏箱和保温瓶等。购买时要弄清各种疫苗的保存条件和运输中的条件，运输时装入保温冷藏设备中，购入后立即按要求的温度存放，严防在高温和日光下保存和运输。灭活疫苗在运输中要防止冻结和暴晒。

30. 什么是自家组织苗？在猪场有没有应用价值？

自家组织苗是取本场病死猪的脏器研磨、灭活，给猪注射，从而起到免疫的作用。

当自家组织苗最初开始在猪场推广使用时，的确取得了显著的效果，对猪场有效地预防蓝耳病和圆环病毒感染，发挥了巨大的作用，使很多濒临倒闭的猪场因此而起死回生。但是，由于自家组织苗的质量受多种因素影响，作为一种疫苗，要使其对特定的传染性疾病产生免疫作用，必须具备两个条件：①疫苗中必须含有相应的具有免疫原性的抗原；②抗原的剂量必须符合一定的要求。抗原量过少，无法有效产生抗体；抗原量过多，还有可能诱导免疫耐受。自家组织苗通常都是通过采集病猪的病料来制作的，然而各种病原对组织的嗜好是不一样的，蓝耳病病毒在肺部含量较多，而猪瘟病毒因其嗜内皮细胞的特性，使其在肾脏和免疫器官含量较多。如果把病猪所有内脏一起捣碎制苗，各种抗原都将被稀释，很难达到有效免疫的抗原量。所以，自家组织苗效果缺乏一定的稳定性。另外，如果在制作过程中灭活不彻底，反而会使猪场病情更加严重。

所以，猪场选择自家组织苗，一般是在采取其他措施无效的情况下，不得已而为之，并且只是缓解疫情使用，不能作为正常的免疫手段。

31. 猪场常用的免疫方法有哪些？

猪场常用的免疫方法有皮下注射法、肌内注射法、滴鼻接种法、口服接种法、气管内注射和肺内注射法、穴位注射法等。

(1)皮下注射 是目前猪场使用最多的免疫方法之一，是将疫苗注入皮下组织，使之经毛细血管吸收进入血液，通过血液循环到达淋巴组织，从而产生免疫反应。注射部位多在耳根皮下，皮下组织吸收比较缓慢而均匀。油类疫苗不宜皮下注射。

(2)肌内注射 是将疫苗注射于肌肉内，注射针头要足够长，以保证疫苗确实注入肌肉内。

(3)滴鼻接种 属于黏膜免疫，黏膜是病原体最大的侵入门户，有95%的感染发生在黏膜或由黏膜入侵机体，黏膜免疫接种既可刺激产生局部免疫，又可建立针对相应抗原的共同黏膜免疫系统；黏膜免疫系统能对黏膜表面不时吸入或食入的大量种类繁杂的抗原进行准确的识别并做出反应，对有害抗原或病原体产生高效体液免疫反应和细胞免疫反应。目前使用比较广泛的是猪伪狂犬病基因缺失疫苗的滴鼻接种。

(4)口服接种 由于消化道温度和酸碱度都对疫苗的效果有很大的影响，口服接种法目前很少使用，但是由于其操作比较方便，所以是很多疫苗厂开发疫苗时考虑的一个方向，预计在今后猪场的免疫中使用会逐渐增多。

(5)气管内注射和肺内注射 多用于猪喘气病的预防接种。

(6)穴位注射 在注射有关预防腹泻的疫苗时多采用后海穴注射，能诱导较好的免疫反应。

(7)超前免疫 超前免疫严格讲不算是一种免疫方法，只是指在仔猪未吃初乳时注射疫苗。目的是避开母源抗体的干扰，使疫苗毒尽早占领病毒复制的靶位，尽可能早地刺激仔猪产生基础免疫。这种方法常用于猪瘟的免疫。

32. 疫苗免疫的流程是什么？

第一步，注射疫苗之前对所用注射器具进行彻底煮沸消毒。消毒前要对注射器(要把针筒和活塞分离)、针头用清水冲洗干净，然后将其放入沸水中煮沸至少 20 分钟。

第二步，煮沸消毒结束后，对注射器进行安装、并检修是否漏水，然后晾干即可使用。

第三步，稀释疫苗之前要对所取疫苗进行检查，看瓶壁是否有破裂；冻干苗性状是否有异常；灭活苗是否有冻结、分层、破乳。如有上述情况应及时上报。

第四步，认真阅读疫苗注射说明书上的规格、批号、有效期、免疫剂量、接种方法、使用阶段等。对超过有效期的疫苗坚决不能使用，并要及时上报。

第五步，选择适宜的稀释剂液。如猪瘟、大肠杆菌、伪狂犬活疫苗要用生理盐水；乙脑活苗用专用稀释液；丹毒、肺疫要用 20%的铝胶生理盐水。所选稀释液一定要用未开启的，严禁用已经污染的稀释液。

第六步，稀释疫苗前，一定要准确计算好稀释液和疫苗的用量，确保每个注射剂量含有足够的抗原。

33. 注射免疫需要注意什么事项?

注射免疫,应该从器械的选择、注射部位的选择和操作等方面注意。

(1)注射器械 注射针头长度要合适,确保疫苗注射到位。合理的注射针头规格为:哺乳仔猪为 9×10(规格×毫米),保育仔猪为 12×20(规格×毫米),肥猪、空怀妊娠猪、哺乳母猪、成年公猪为 16×38(规格×毫米)或 16×45(规格×毫米),注射时应垂直进针,最理想的情况是每次注射均使用新的一次性无菌针头,如果一次对多批猪只注射同一种疫苗,可每窝猪使用一个针头,不同窝之间必须更换针头。注意,在上述情况下,疫苗瓶中应该保留一个无菌针头专供注射器吸疫苗用,而用不同的针头去注射猪,这将减少污染瓶中的疫苗和其他猪只的危险。

(2)注射部位 猪用疫苗一般在肌内或皮下部位进行注射。有关这方面的建议,制造商在产品说明书或产品标签上已有标注,但一般注意不要在臀部和后腿部位进行肌内注射。

①肌内注射 正确的部位在耳后靠近较松皮肤皱褶和较紧皮肤交界处耳根基部最高点 50~75 毫米处。如果注射位置太靠后,将增加疫苗沉积于脂肪中的危险,由于脂肪的血液供应较差,则可致产品吸收缓慢,或由于脂肪“壁脱”于疫苗,导致免疫应答较差;如果注射位置太低,则可能有将疫苗注入腮腺、唾液腺的危险。由此所导致的严重疼痛将影响猪只采食。

②皮下注射 正确的注射位置位于耳后凹陷处较松软的皮肤下面,以拇指和食指将皮肤捏成皱褶,将针头刺入两指间的皮肤皱褶,从而使针头进入皮下。正确的皮下注射较肌内

注射困难，因为皮下注射要求猪只得到妥善保定，并要求更精确。

(3)其他问题 免疫接种前，将使用的器械(如注射器、针头、稀释疫苗瓶等)认真洗净，灭菌，注射器刻度要清晰，不滑杆、不漏液。免疫接种人员的指甲应剪短，用消毒液洗手，穿消毒工作服、鞋。吸取疫苗时，先用75%酒精棉球擦拭消毒瓶盖，再用注射器抽取疫苗，如果一次吸取不完，应另换一个消毒针头进行免疫接种，不要把插在疫苗瓶上的针头拔出，以便继续吸取疫苗，并用干酒精棉球盖好。注射部位应先剪毛，然后用碘酊消毒，再进行注射，每注射一头猪必须更换一次消毒的针头。注射的剂量要准确，不漏注、不白注；进针要稳，拔针宜速，不得打"飞针"，以确保疫苗真正足量注射于肌内。

在免疫的前后，尽量避免对猪体使用药物，因为抗病毒药物会直接杀灭病毒活苗，使免疫效果降低；抗菌药物或作用于机体，使机体产生抗体的功能降低，所以一般要求在免疫前后尽量不使用药物。并且，不同的疫苗免疫时间尽量间隔开，防止不同的疫苗之间出现干扰。

34. 免疫时，加大疫苗剂量或者增多免疫次数，是否会提高免疫效果？

这是当前免疫操作中的一个误区。盲目地加大免疫剂量或增多免疫次数，不但起不到提高免疫效果的作用，而且会引起免疫失败。因为在疫苗的开发与研究中，使用的剂量都是经过摸索的，加大免疫剂量，可能会使机体产生免疫麻痹，从而不能刺激机体产生抗体，引起免疫失败。而增多免疫次数，往往或导致上一次免疫产生的抗体还没有消失，或者还维持在一个较高的水平，此时又给机体接种了疫苗，疫苗进入体内，与机体原有的抗体中和，新免疫的疫苗与原有的抗体均被消耗掉，所以会使机体处于免疫空白期，容易被侵入病原，引起发病。所以，不建议在免疫过程中盲目加大免疫的剂量和次数。

35. 猪场免疫的具体时间如何确定？

猪场免疫某种疫苗的时间对免疫效果有很大的影响。很多猪场都会找有经验的专家帮着设计免疫程序，其中就包括免疫疫苗的种类和具体免疫的时间。但是，目前还没有一个免疫程序可通用，而生搬硬套别人的免疫程序也不一定行得通。最好的做法是根据本场的实际情况，考虑本地区的疫病流行特点，结合猪的种类、年龄、饲养管理、母源抗体的干扰以及疫苗的性质、类型和免疫途径等各方面因素和免疫监测结果，制定适合本场的最佳免疫时间，并着重考虑下列因素：

(1)母源抗体水平　被动免疫对新生仔猪来说十分重要，然而对疫苗的接种也带来一定的影响，尤其是弱毒苗在免疫新生仔猪时，如果仔猪存在较高水平的母源抗体，则会极大地影响疫苗的免疫效果。因此，在母源抗体水平高时不宜接种弱毒疫苗，并在适当日龄再加强免疫接种 1 次，因为初免时仔猪的免疫系统尚不完善，又有一定水平母源抗体干扰。例如，很多猪场对仔猪的猪瘟免疫时，根据猪瘟母源抗体下降规律，一般采取 20～25 日龄首免，而有猪瘟病毒感染的猪场应实行零免，即在仔猪刚出生就接种猪瘟疫苗，待 2 小时后才让其吮初乳，在 55～60 日龄再加强免疫 1 次。

(2)猪场发病史　在制定免疫程序时必须考虑本地区猪病疫情和该猪场已发生过什么病、发病日龄、发病频率及发病批次，依此确定疫苗的种类和免疫时机。对本地区、本场尚未证实发生的疾病，必须证明确实已受到严重威胁时才计划接种。

(3)不同疫苗之间的干扰与接种时间安排 例如，在接种猪伪狂犬病弱毒疫苗时，必须与猪瘟兔化弱毒疫苗的免疫注射间隔1周以上，以避免狂犬病弱毒疫苗对猪瘟弱毒疫苗的免疫干扰作用。在免疫蓝耳病活疫苗后，再免疫猪瘟疫苗，一般也会干扰猪瘟疫苗发挥作用，所以可以先免疫猪瘟疫苗，后免疫蓝耳病活疫苗。

(4)猪场饲养管理水平影响 猪场饲养管理水平，直接影响着动物机体状况，也影响着抗体在体内衰减的速度。使用全价饲料，环境卫生状况好，环境中病原微生物数量少，则猪体内抗体持续的时间就久一些，这样下一次的免疫就相应的间隔时间久，反之则需要拉近2次免疫的时间。

36. 规模化猪场如何制定适合本场的免疫程序？

首先要在这里解释一个问题。很多人都认为猪场免疫程序是固定的，一旦专家协助制定好免疫程序后，都严格按照其执行。但这种做法一般是欠妥的。因为免疫程序一般涉及两方面的问题，一个是免疫的疫苗种类，另外一个是免疫疫苗的时间。

(1)免疫疫苗种类 免疫疫苗种类选择上，受当地猪的疫病流行情况及严重程度、传染病流行特点影响。对当地未发生过的传染病，且没有从外地传入的可能性，就没有必要进行该传染病的免疫接种，尤其是毒力较强的活疫苗更不能轻率地使用。

(2)免疫时间 要考虑仔猪母源抗体水平、上次免疫接种后存余抗体水平、猪的免疫应答、疫苗的特性、免疫接种方法、各种疫苗接种的联合免疫对猪健康的影响等。

37. 疫苗免疫后如何了解免疫效果?

猪场做完疫苗免疫后，一般可以通过检测抗体水平反应免疫效果。在免疫后的2～3周，抽检部分免疫猪的血液，一般可以按10%左右抽取。存栏数量越少，抽取的比例越大；存栏量越大，抽取的比例越小，待血液凝固后，送检。检测结果如果抗体普遍较高，并且比较均匀，说明免疫效果好，可以抵抗病原的侵袭；如果抗体有高有低，即为抗体整齐度不好，可能为免疫时有些猪免疫的不确实，或者有部分猪已经感染了该病原。如果大部分较低，说明免疫效果不确实，可以从疫苗、猪体或者操作等方面查找原因。

38. 规模化猪场引起免疫失败的原因有哪些?

引起猪场免疫失败的原因较多，归纳起来主要包括猪体因素、疫苗因素和免疫接种方面操作因素。

(1)猪体的原因

①遗传因素　猪机体对接种抗原的免疫应答在一定的程度上是受遗传控制的，不同品种，甚至相同品种不同个体的猪只，对同一疫苗的反应强弱也有差异，有些猪只生来就有先天性免疫缺陷。

②生长发育情况　幼龄、体弱、生长发育差以及患慢性病猪，可能出现明显的注射反应，且抗体上升缓慢。

③猪群处于亚健康状态或某种疫病的潜伏期　猪已处于亚健康状态时，其机体对免疫应答反应减弱，不能产生足够的

抗体来防御疫病;若猪处于某种疫病的潜伏期时,接种疫苗之后反而加快了发病。

④营养水平　猪的营养水平差也会影响免疫效果。根据研究证明:机体维生素、氨基酸及某些微量元素的缺乏或不平衡等都会使机体免疫应答能力降低,如维生素A的缺乏会导致淋巴细胞的萎缩,影响淋巴细胞的分化、增殖,受体表达与活化,导致体内的T淋巴细胞减少,吞噬细胞的吞噬能力下降,B淋巴细胞的抗体产生能力下降,导致机体免疫应答能力降低。当饲料发霉产生一系列的霉菌毒素如黄曲霉素时,也会影响机体免疫效果。据报道,当饲料中的黄曲霉素大于0.1毫克/千克时,能明显减少机体内免疫球蛋白和T淋巴细胞的数量,使机体免疫应答能力明显降低。

⑤免疫抑制性因素的存在　免疫抑制性因素可通过损伤猪的免疫组织器官或影响猪免疫细胞活性,干扰抗原的递呈,抑制或阻断免疫抗体的形成等途径,从而导致猪机体抗病能力下降或免疫应答不完全,造成低致病力的病原体或弱毒疫苗也可能感染猪发病。

⑥母源抗体干扰　免疫接种的母猪可经乳汁特别是初乳将母源抗体传给仔猪,使仔猪得到被动保护,但母源抗体较高时不但可消灭侵入的相应的病原,也能杀灭疫苗(灭活苗不被母源抗体所消灭,但应答反应很弱)。未吃初乳的新生仔猪,血清免疫球蛋白的含量极低,吮吸初乳后,血清免疫球蛋白的水平迅速上升并接近母体的水平,出生后24～35小时即可达到高峰;随着时间的延长,被动抗体开始降解而逐渐下降,降解速度随动物的种类、免疫球蛋白的类别、原始浓度等不同有明显差异。在母源抗体水平较高的时间内接种弱毒疫苗,则很容易被母源抗体中和而出现免疫干扰现象。

(2)疫苗因素

①疫苗的血清型与病原体的血清型不符　某些病原体的血清型多，容易发生抗原变异或出现超强毒力变异株，常常造成免疫接种失败。如胸膜肺炎(APP)放线杆菌至少有 12 个血清型(我国为 1、5、7 型)，副猪嗜血杆菌(HP)至少有 15 个血清型，猪链球菌荚膜抗原血清型有 35 种之多，这些病原体存在不同的血清型和变异株，如果选用的疫苗与流行的毒株差异大，则可能保护很差或完全不能保护。例如，大肠杆菌按菌体抗原分有 100 多个血清型，并且不同血清型之间缺乏交叉免疫作用，因此，用针对少数几种血清型制成的基因工程苗并不能很好预防自然界流行的各种不同血清型引起的大肠杆菌病的发生；又如 O 型口蹄疫疫苗不能保护 A 型口蹄疫感染，此时，疫苗免疫可能导致免疫失败，更严重的免疫失败是由疫苗带有强毒或死苗灭活不完全仍有残毒引起灾难性后果。

②疫苗质量欠佳　某些疫苗制造工艺不过关，佐剂不佳。如有些油剂疫苗颗粒偏大，注射时易造成针头堵塞，注射部位反应强，易发生炎症。有的疫苗含毒量不符合要求，免疫效价不高。有些疫苗纯度不高，混有其他细菌、病毒等杂质，甚至出现变质、发霉等现象。有的冻干苗存在真空度不高，易失真空、干缩、变色等，有些赋形剂欠佳，易成粉末等问题。

③疫苗运输与贮藏不当　疫苗在保存和运输时条件不合适，会造成疫苗效力下降。有的猪场缺乏疫苗运输的冷藏车或配有冷藏设备的车辆；一般来说，冻干苗保存在－15℃以下，油佐剂苗应严禁冻结，置于 4℃～8℃冷藏，水剂苗则需根据不同情况妥善贮存，但有的猪场把冻干苗、油佐剂苗和水剂苗通通冷冻贮藏。

(3)免疫接种方面原因

①免疫程序不合理　主要表现在以下几方面：一些猪场对某些疫病危害的程度缺乏认识，忽视预防。其次，有的猪场虽经免疫，但由于首免时间不合理，造成免疫失败，特别是对猪瘟的免疫表现突出。如果母源抗体过高，疫苗抗原部分被中和进而不足以刺激机体产生足够的保护性抗体；反之，当母源抗体消失后才注射疫苗，将会出现免疫空白期，给病原侵入造成可乘之机，导致疫病发生。另外，有的猪场使用疫苗不当或者免疫剂量不足，特别是在使用联苗同时预防几种传染病时，虽然省时省事，但易造成对某一传染病的免疫不确实。例如在进行猪瘟免疫时，由于疫苗效果通常以防止临床感染为标准，应用这一标准时，常有部分猪免疫后，抗体水平不能达到防止亚临床感染水平，这些猪感染强毒后，常可引起亚临床感染，猪体带毒，并不断排毒。疫苗接种的间隔时间不合理，同一种疫苗首免、二免、三免等时间过短，起不到免疫记忆和免疫放大作用，或时间过长，则产生抗体浓度过低，猪只得不到保护；不同品种疫苗使用混乱，间隔时间过短，也有可能发生干扰作用而影响免疫效果。

②免疫接种技术不规范　有些猪场的兽医防疫意识淡薄，技术人员也不健全，免疫接种工作由缺乏基本防疫消毒知识和技能的饲养员承担，造成免疫接种操作不规范而影响疫苗的免疫效果，如保定不好易造成多种、少种或遗漏接种疫苗；接种疫苗前，对被接种的猪不做健康检查，可能误接种给病猪；免疫接种动作粗暴可带来严重的应激和过敏反应；免疫接种消毒不严，易造成人为传播疾病的危险等。

39. 引起猪免疫抑制的因素有哪些?

猪体免疫抑制是多方面因素综合作用引起的,一般可以归纳为以下几点:

(1)病毒性因素 如猪繁殖与呼吸综合征病毒、猪圆环病毒、猪伪狂犬病毒、猪瘟病毒等病原体,其中猪繁殖与呼吸综合征病毒主要在单核巨噬细胞系统内复制,尤其是肺泡巨噬细胞。然后转移到局部淋巴细胞,并进一步扩散到全身多处组织的巨噬细胞和单核细胞中,使感染猪只免疫力降低,产生免疫抑制和免疫干扰。

(2)细菌性因素及其他病原微生物 如猪胸膜肺炎放线杆菌、猪大肠杆菌、猪弓形虫、猪肺炎支原体、猪附红细胞体等可通过不同机制导致机体免疫应答能力下降。

(3)理化因素 霉菌毒素(如黄曲霉毒素 B_1、赭曲霉毒素等)、重金属(如汞、铅等)、工业化学物质(如过量的氟)等能毒害和干扰机体免疫系统正常的生理功能,过多摄入会使免疫组织器官活性降低,抗体生成减少;大量放射线辐射猪(如长时间的紫外灯照射)可杀伤骨髓干细胞而破坏其骨髓功能,结果因严重损伤造血干细胞而导致造血功能和免疫功能丧失。

(4)药理性因素 有些药物,如地塞米松等糖皮质激素类药物、氯霉素类药物、四环素类药物,即使在治疗量水平也能抑制免疫系统。

(5)营养性因素 某些维生素(如复合维生素 B、维生素 C 等)和微量元素(如铜、铁、锌、硒等)是免疫器官发育,淋巴细胞分化、增殖,受体表达、活化及合成抗体和补体的必需物质,若缺乏或过多或各成分间搭配不当,必然诱导机体继发性免疫缺陷。

(6)不良应激 实践证明:在过冷、过热、拥挤、断奶、混群、运输等应激状态下,畜禽体内会产生热应激蛋白等异常代谢产物,同时某些激素(如类固醇)水平也会大幅提高,它们会影响淋巴细胞活性,引起明显的免疫抑制。

40. 何谓紧急接种? 效果如何?

紧急接种是本场发生传染病或者临近猪场发生传染病时,为了迅速控制与扑灭疫情的流行而对本场尚未发病的假定健康猪进行的应急性免疫接种。

由于接种的对象是假定健康的猪,其中接种的猪如果暂时没有被感染,紧急接种疫苗后一般会刺激机体产生抗体,从而获得保护。但是如果被紧急接种的猪已经感染了病原,只是处于潜伏期,紧急接种则可以加重其病原对机体的损伤,促使发病。所以有的猪场紧急接种后,死亡率短时间内出现明显增加。

在临近猪场发生疫情时,本场进行紧急接种一般效果较好。本场发生疫情时,如果有效果较好的药物,一般建议先治疗,后免疫。假如没有有效的药物可以使用,则建议使用紧急接种。在紧急接种时,一般先接种健康猪,再接种假定健康的猪,最后接种出现症状的猪。

41. 猪瘟常规疫苗分哪几种? 使用时有哪些注意事项?

(1)猪瘟疫苗种类 猪瘟常规疫苗分为脾淋苗、细胞苗和组织苗。

①猪瘟脾淋苗 是采用接种猪瘟兔化弱毒毒种后,有定型热反应的成兔脾脏和肠系膜淋巴制备而成的,由于兔的脾

脏和肠系膜淋巴是兔体载毒量最高的部位，由此制备的疫苗单位头份中有效抗原含量有保证，同时异源组织少、临床过敏小。无数临床案例证实，成兔脾淋苗的保护力相对优于其他两种疫苗。

②猪瘟细胞苗　是通过体外培养犊牛睾丸细胞，将种毒接种于细胞，从而增殖病毒制备而成。细胞苗的优点是抗原含量相对高（目前市场上的高效细胞苗达到 7 500 RID/头份），能产生较高的抗体水平。但是，由于使用的细胞为犊牛睾丸细胞，培养基中添加了牛血清，导致其制备过程存在牛病毒性腹泻-黏膜病病毒（BVDV）污染的风险，该病毒，能感染猪，引起类似猪瘟的疫情。

③猪瘟组织苗　是将猪瘟兔化弱毒毒种接种于乳兔，然后将其匀浆做成疫苗。组织苗的免疫原性较好，但其主要原材料是兔的肌肉，由于兔体肌肉含毒量较低，容易导致单位头份疫苗中有效抗原含量相对较低，因此，临床应用常常需加大免疫剂量，容易出现过敏反应。

(2)使用注意事项

①免疫时间　使用实验室检测方法检测抗体水平，根据抗体的高低决定免疫接种的具体时间。母猪免疫接种猪瘟疫苗一般免疫时避开母猪妊娠期间，在配种前 2 周进行免疫。特别是在母猪可能存在猪瘟野毒的情况下，假如在妊娠期间免疫猪瘟弱毒疫苗，可能会激发出繁殖障碍型猪瘟，导致产死仔数增加。

②疫苗剂量　有人在使用猪瘟疫苗过程中，盲目加大剂量，这种做法是不可取的。一般仔猪免疫，可以使用 1～2 头份，母猪免疫可以使用 2～4 头份。

③免疫效果　很多猪场只注重免疫，但是忽略了免疫效

果的检测。正确的做法是在免疫猪瘟疫苗后的1～2周，抽检部分被免疫猪的血液送检，测定其猪瘟抗体水平，从而了解免疫效果。如果抗体水平普遍较低，则需要分析原因，并重新免疫。

三、猪场用药知识

42. 猪场常用的药物有哪些?

(1)抗菌药物 用于治疗各种微生物感染引起的疾病，也用于病毒感染后引起的细菌继发感染。抗菌药物的种类很多，同类药物可相互代替，因此每类准备一两种即可。

①β-内酰胺类 包括青霉素类和头孢菌素类(先锋类)两大类。

青霉素类中的青霉素钾(钠)主要用于链球菌、葡萄球菌、肺炎球菌、丹毒杆菌、破伤风梭菌等革兰氏阳性菌引起的细菌感染;氨苄西林、阿莫西林等主要用于上述阳性菌和大肠杆菌、沙门氏菌、巴氏杆菌等少数革兰氏阴性菌引起的疾病。

头孢类药物为广谱抗菌药物，头孢氨苄、头孢噻呋等对革兰氏阳性菌和阴性菌引起的感染均有一定效果。另外还有头孢喹诺，它是动物专用的第四代头孢类药物，抗菌作用显著强于其他β-内酰胺类药物，但目前价格较高。

β-内酰胺类抗菌药要发挥更大的作用，在临床应用时一般多与β-内酰胺酶抑制剂，如克拉维酸或舒巴坦以1∶5的比例配合使用。

②氨基糖苷类 包括链霉素、庆大霉素、卡那霉素、阿米卡星、新霉素、安普霉素等。此类药物作用相近，主要针对革兰氏阴性菌，如大肠杆菌、沙门氏菌、巴氏杆菌和绿脓杆菌等引起的腹泻或全身感染。这些药物注射用药时能发挥全身作用，口服给药则只能用于上述细菌引起的胃肠道感染。它们

常与β-内酰胺类药物配合，用以扩大抗菌谱，即增加杀菌范围，如青霉素加链霉素。

③四环素类　包括四环素、土霉素、多西环素（强力霉素）。此类药物为广谱抗菌药物，对大多数细菌均有抑制作用，但常用量不能达到杀菌作用。因此，对一般性细菌感染有一定效果。

④大环内酯类　包括红霉素、泰乐菌素、替米考星、螺旋霉素、罗红霉素。此类药物的抗菌作用与青霉素相似，主要针对一些革兰氏阳性菌，但抗菌作用不如青霉素。它们主要用于对青霉素类药物过敏的动物或对青霉素类药物产生耐药的病原。但其中的泰乐菌素、替米考星对支原体有特别突出的效果。另外，还有进口的土拉霉素，为此类药物中最新的一种，抗菌作用显著优于此类其他药物，主要用于猪呼吸系统细菌感染的治疗，效果显著，但价格较高。

⑤氯霉素类　甲砜霉素和氟苯尼考，后者最常用。其抗菌作用与氨基糖苷类相似，主要用于一些革兰氏阴性菌引起的感染，如大肠杆菌、沙门氏菌。对少数革兰氏阳性菌，如链球菌、肺炎球菌和葡萄球菌也有一定效果。

⑥喹诺酮类　包括诺氟沙星、恩诺沙星、环丙沙星、氧氟沙星、沙拉沙星、麻保沙星等。此类药物中种类较多，但主要是对革兰氏阴性菌有较好的杀灭作用，如大肠杆菌、沙门氏菌、巴氏杆菌、绿脓杆菌、支原体等。它们大多单独使用，较少与其他药物配合，尤其不能与氯霉素类药物配伍。

⑦磺胺类　磺胺嘧啶、磺胺二甲嘧啶、磺胺间甲氧嘧啶、复方新诺明等。此类药物为广谱抗菌药物，对多数阳性菌和阴性菌均有一定抑制作用。

⑧其他类　泰妙菌素（主要杀灭支原体）、沃尼妙林（对支

原体、痢疾螺旋体、短螺旋体有特别的效果，还可作为促生长剂）、喹乙醇（仔猪促生长剂）、喹烯酮（国家一类新兽药，各种年龄段猪的促生长剂）。

(2)驱虫药物 用于驱杀猪体内外的各种寄生虫，如蛔虫、绦虫和蝇、虱、蜱、螨等。注意：驱虫药物均有较大的毒性，使用时要严格控制用量和用药时间。

①*左旋咪唑* 主要驱杀线虫，如胃肠道的猪蛔虫。

②*阿苯哒唑（丙硫苯咪唑）* 可驱杀线虫和绦虫，如胃肠道的猪蛔虫、猪肉绦虫。

③*伊维菌素、阿维菌素、莫西菌素等* 可驱杀体内线虫和体外的多种寄生虫，如猪蛔虫、螨虫等。

④*吡喹酮* 驱杀绦虫和吸虫。

⑤*敌百虫* 可驱杀体内线虫和体外的多种寄生虫，作用基本同伊维菌素。

(3)其他药物 包括消毒药（如酒精、碘酊、来苏儿、生石灰等）、口服补液盐、止泻药（阿托品、鞣酸蛋白片）、解热药（安痛定、安乃近）、解毒药（解磷定）等。

43. 如何合理地使用抗菌药物？

要合理使用抗菌药物，必须遵循以下几个原则：

(1)严格掌握适应证 即首先要诊断正确，找到真正的病原，方能对症下药。因此，不可无目的地胡乱使用抗菌药，对病毒、真菌感染不宜使用抗菌药，应根据病原选择药物。如治疗猪细菌性肺炎，除选择对病原敏感的药物外，还要考虑能否在肺中达到较高药物浓度，可选择恩诺沙星、达氟沙星或替米考星等。

(2)制定合理给药方案 包括药物的选择、给药途径、剂量、疗程等。对于大多数抗菌药物来说,一般给药 3～5 天为一疗程,不可过长,否则容易导致细菌耐药性。

(3)避免耐药性产生 在所有致病性病原中,金黄色葡萄球菌、大肠杆菌、绿脓杆菌、痢疾杆菌最易产生耐药性。因此,在使用药物时不要滥用,可不用的尽量不用;能用 1 种治疗的不用 2 种;杜绝不必要的预防用药;未正确诊断病原的,不要轻易用药;减少长期用药;发现耐药菌时,及时换药或联合用药。

(4)联合用药 是指同时给猪使用 2 种以上的药物来治疗某种疾病。首先要明确,联合用药的目的是扩大抗菌谱、增加疗效、减少用量、避免毒副作用、避免耐药菌的产生。因此,只有在下列情况下才可考虑联合用药:①一种药物不能控制的严重感染或混合感染,如败血症、腹膜炎、创伤感染。②病原未正确诊断但又危及生命的病症,可先联合用药,确诊后再调整。③需长期治疗的慢性病症。④容易出现耐药性的细菌感染。

目前常用的抗菌药可以分为四大类:一类为繁殖期或速效杀菌剂,如青霉素类、头孢类、喹诺酮类;二类为静止期或慢效杀菌剂,如氨基糖苷类;三类为速效抑菌剂,如四环素类、大环内酯类、氯霉素类;四类为慢效抑菌剂,如磺胺类。一类和二类合用可增加药效,将病原杀灭,治愈疾病,如青霉素配链霉素、头孢氨苄配卡那霉素,环丙沙星配庆大霉素等。二类和三类合用也可增加药效,杀灭病原,如庆大霉素配土霉素。三类和四类合用可获得相加作用,但只是将病原抑制,不能完全治愈。其他类合用会出现拮抗或无关作用,如一类和三类合用,青霉素配氟苯尼考,会使青霉素的作用减弱或消失。另外,应注意同一类药物之间一般不要联合应用,可能会增加毒性。

44. 无公害食品生猪饲养兽药使用准则内容有哪些？

在生猪养殖过程中使用的兽药必须来自具有《兽药生产许可证》和产品批准文号的企业，必须符合《中华人民共和国兽药典》和《中华人民共和国兽药管理条例》。禁止使用假、劣兽药以及国务院兽医行政管理部门规定禁止使用的药品和其他化合物。

常用兽药的使用准则见表 2-1。

表 2-1　无公害生猪养殖可用兽药

类别	兽药名称	制　剂	用法与用量	休药期
抗寄生虫药	阿苯哒唑	片剂	内服，一次量，每千克体重 5～10 毫克	
	芬苯哒唑	片剂	内服，一次量，每千克体重 5～7.5毫克	
	奥芬哒唑	片剂	内服，一次量，每千克体重 4 毫克	
	盐酸左咪唑	片剂	内服，一次量，每千克体重 7.5 毫克	3
	盐酸左咪唑	注射液	皮下、肌内注射，一次量，每千克体重 7.5 毫克	28
	吡喹酮	片剂	内服，一次量，每千克体重 10～35 毫克	
	伊维菌素	注射液	皮下注射，一次量，每千克体重 0.3 毫克	18
	伊维菌素	预混剂	混饲，每 1000 千克饲料 300 克，连用 7 天	5
	敌百虫	片剂	内服，一次量，每千克体重 80～100 毫克	7
	敌百虫	溶液剂	配成浓度 1%～3%的溶液体表局部涂擦，0.1%～0.5%的溶液药浴或喷淋	

续表 2-1

类别	兽药名称	制剂	用法与用量	休药期
抗菌药	氨苄西林钠	注射用粉针	肌内、静脉注射，一次量，每千克体重10～20毫克，1日2～3次，连用2～3天	
	苄星青霉素	注射用粉针	肌内注射，一次量，每千克体重3万～4万单位，1日2～3次，连用2～3天	
	青霉素钠（钾）	注射用粉针	肌内注射，一次量，每千克体重2万～3万单位，1日2～3次，连用2～3天	
	苯唑西林钠	注射用粉针	肌内注射，一次量，每千克体重3～5毫克，1日2～3次，连用2～3天	
	头孢噻呋钠	注射用粉针	肌内注射，一次量，每千克体重10～15毫克，1日1次，连用2～3天	
	硫酸头孢喹诺	混悬剂	肌内注射，一次量，每千克体重2毫克，1日1次，连用2～3天	
	硫酸链霉素	注射用粉针	肌内注射，一次量，每千克体重10～15毫克，1日2次，连用2～3天	
	硫酸庆大霉素	注射液	肌内注射，一次量，每千克体重2～4毫克，1日2次，连用2～3天	40
	硫酸庆大-小诺霉素	注射液	肌内注射，一次量，每千克体重1～2毫克，1日2次，连用2～3天	
	硫酸安普霉素	注射液	皮下、肌内注射，一次量，每千克体重5～7毫克，1日2次，连用2～3天	15
	硫酸安普霉素	预混剂	混饲，每1000千克饲料加入80～100克，连用7天	21

续表 2-1

类别	兽药名称	制剂	用法与用量	休药期
抗菌药	硫酸安普霉素	可溶性粉	混饮，每升水，每千克体重 12 毫克，连用 7 天	21
	硫酸卡那霉素	注射用粉针	肌内注射，一次量，每千克体重 10～15 毫克，1 日 2 次，连用 2～3 天	
	硫酸新霉素	预混剂	混饲，每 1000 千克饲料中加80～150 克，连用 3～5 天	3
	硫酸黏杆菌素	可溶性粉	混饮，每升水中加 40～200 毫克，连用 3～5 天	7
	硫酸黏杆菌素	预混剂	混饲，每 1000 千克饲料中加 2～20 克，连用 7 天	7
	杆菌钛锌	预混剂	混饲，每 1000 千克饲料，4 月龄以下加 4～10 克，连用 7 天	
	乳糖酸红霉素	注射用粉针	静脉注射，一次量，每千克体重 3～5 毫克，1 日 2 次，连用 2～3 天	
	替米考星	注射液	皮下注射，一次量，每千克体重 10～20 毫克，1 日 1 次，连用 2～3 天	7
	替米考星	预混剂	混饲，每 1000 千克饲料中加 200～400 克，连用 15 天	14
	泰乐菌素	注射液	肌内注射，一次量，每千克体重 5～13 毫克，1 日 2 次，连用 7 天	14
	泰乐菌素	预混剂	混饲，每 1000 千克饲料中加10～100 克，连用 7 天	5
	土拉霉素	注射液	多点肌内注射，每一注射点不可超过 2 毫升，一次量，每千克体重 2.5 毫克，1 日 1 次，连用 2～3 天	5

续表 2-1

类别	兽药名称	制剂	用法与用量	休药期
抗菌药	盐酸多西环素	片剂	内服，一次量，每千克体重 3～5 毫克，1 日 1 次，连用 3～5 天	
	土霉素	片剂	口服，一次量，每千克体重 10～25 毫克，1 日 2～3 次，连用 3～5 天	5
	长效土霉素	注射液	肌内注射，一次量，每千克体重 10～20 毫克，1 日 1 次，连用 2～3 天	28
	盐酸四环素	注射用粉针	静脉注射，一次量，每千克体重 5～10 毫克，1 日 2 次，连用 2～3 天	
	氟苯尼考	注射液	肌内注射，一次量，每千克体重 20 毫克，每隔 48 小时 1 次，连用 2 次	30
	氟苯尼考	粉剂	内服，每千克体重 20～30 毫克，1 日 2 次，连用 3～5 天	30
	甲砜霉素	片剂	内服，一次量，每千克体重 5～10 毫克，1 日 2 次，连用 2～3 天	
	延胡索酸泰妙菌素	可溶性粉	混饮，每升水中加 45～60 毫克，连用 5 天	7
	延胡索酸泰妙菌素	预混剂	混饲，每 1000 千克饲料加 40～100 克，连用 5～10 天	5
	沃尼妙林	预混剂	混饲，每 1000 千克饲料中加25～200 克，连用 15～20 天	1
	氟甲喹	可溶性粉	内服，一次量，每千克体重 5～10 毫克，首次量加倍，1 日 2 次，连用 3～4 天	
	恩诺沙星	注射液	肌内注射，一次量，每千克体重 2～3 毫克，1 日 2 次，连用 2～3 天	10

续表 2-1

类别	兽药名称	制剂	用法与用量	休药期
抗菌药	甲磺酸达氟沙星	注射液	肌内注射，一次量，每千克体重1.5～2.5毫克，1日1次，连用3天	25
	盐酸二氟沙星	注射液	肌内注射，一次量，每千克体重5毫克，1日2次，连用2～3天	45
	盐酸沙拉沙星	注射液	肌内注射，一次量，每千克体重2～5毫克，1日2次，连用3～5天	
	环丙沙星	注射液	肌内注射，一次量，每千克体重2～5毫克，1日2次，连用2～3天	
	麻保沙星	注射液	肌内、静脉注射，一次量，每千克体重2～3毫克，1日1次，连用3～5天	
	喹乙醇	预混剂	混饲，每1000千克饲料中加50～100克，体重超过35千克的禁用	35
	乙酰甲喹	片剂	内服，一次量，每千克体重5～10毫克，1日2次，连用3天	
	喹烯酮	预混剂	混饲，每1000千克饲料添加50～75克	
	磺胺嘧啶	注射液	肌内、静脉注射，一次量，每千克体重0.05～0.1克，1日1～2次，连用2～3天	
	磺胺嘧啶	片剂	内服，一次量，每千克体重首次量0.15～0.2克，维持量每千克体重0.07～0.1克，1日2次，连用3～5天	
	复方磺胺嘧啶钠	注射液	肌内注射，一次量，每千克体重20～30毫克，1日1～2次，连用2～3天	
	复方磺胺嘧啶	预混剂	混饲，每千克体重15～30毫克，连用5天	5

续表 2-1

类别	兽药名称	制剂	用法与用量	休药期
抗菌药	磺胺二甲嘧啶	注射液	静脉注射，一次量，每千克体重 50～100 毫克，1 日 1～2 次，连用 2～3 天	7
	复方新诺明	片剂	内服，一次量，首次量每千克体重 20～25 毫克，1 日 2 次，连用 3～5 天	
	磺胺对甲氧嘧啶	片剂	内服，首次量每千克体重 50～100 毫克，维持量每千克体重 25～50 毫克，1 日 2 次，连用 2～3 天	
	磺胺对甲氧嘧啶钠	注射液	肌内注射，一次量，每千克体重 15～20 毫克，1 日 1～2 次，连用2～3 天	
	磺胺间甲氧嘧啶钠	注射液	静脉注射，一次量，每千克体重 50 毫克，1 日 1～2 次，连用 2～3 天	
	复方磺胺氯哒嗪钠	粉剂	内服，一次量，每千克体重 20 毫克，连用 5～10 天	

45. 生猪饲养过程中禁用的兽药及其他化合物有哪些?

农业部第 193 号公告中规定了 21 类食品动物(包括生猪)禁用的兽药及其他化合物清单，农业部 560 号公告又规定了一些禁止使用的药物(表 2-2)。

表 2-2　食用动物禁止使用的药物

序　号	兽药及其他化合物名称	禁止用途
1	β-兴奋剂类：克仑特罗（瘦肉精）、沙丁胺醇、莱克多巴胺、西马特罗、盐酸多巴胺、特布他林及其盐、酯制剂	所有用途
2	性激素类：己烯雌酚及其盐、酯及制剂	所有用途
3	具有雌激素作用的物质：玉米赤霉醇、玉米赤霉酮、去甲雄三烯醇酮、醋酸甲孕酮及制剂	所有用途
4	氯霉素、琥珀氯霉素及其盐、酯制剂	所有用途
5	氨苯砜及制剂	所有用途
6	硝基呋喃类：呋喃唑酮、呋喃它酮、呋喃西林、呋喃妥因、呋喃苯烯酸钠、硝呋烯腙及制剂	所有用途
7	硝基化合物：硝基酚钠、替硝唑、洛硝哒唑及其盐、酯制剂	所有用途
8	催眠镇静类，安眠酮及制剂	所有用途
9	林丹（丙体六六六）	杀虫剂
10	毒杀芬（氯化烯）	杀虫剂、清塘剂
11	呋喃丹（克百威）	杀虫剂
12	杀虫脒（克死螨）	杀虫剂
13	双甲脒	杀虫剂
14	酒石酸锑钾	杀虫剂
15	锥虫胂胺	杀虫剂
16	孔雀石绿	抗菌、杀虫剂
17	五氯酚酰钠	杀螺剂
18	各种汞制剂包括：氯化亚汞（甘汞）、硝酸亚汞、醋酸汞、吡啶基醋酸汞等	

续表 2-2

序 号	兽药及其他化合物名称	禁止用途
19	性激素类：甲基睾丸酮、丙酸睾酮、苯丙酸诺龙、苯甲酸雌二醇及其盐、酯及制剂	
20	催眠镇静类：氯丙嗪、地洋泮（安定）及其盐、酯及制剂	
21	硝基咪唑类：地美硝唑及其盐、酯及制剂	
22	喹啉类：卡巴氧及其盐、酯制剂	
23	抗生素类：万古霉素及其盐、酯制剂	

46. 猪场常用的消毒药有哪些？怎么使用？

常用的消毒药包括以下几类：

(1)酒精 常用70%～75%的酒精，在治疗、注射时多采用酒精消毒猪的体表皮肤，注意清洗皮肤的污物。

(2)碘酊 常用2%的碘酊，多在静脉注射、阉割时作皮肤消毒剂，注意要用酒精脱碘。

(3)煤酚皂(来苏儿)溶液 一般用3%～5%的溶液消毒猪圈、饲槽、场地和处理污染物。

(4)氢氧化钠(火碱、苛性钠) 通常用2%～3%的热溶液消毒被病毒、细菌污染的猪圈、场地、用具和排泄物。对人和动物的皮肤有腐蚀性，注意保护。

(5)生石灰 使用时，将生石灰与水按1∶1制成熟石灰，用水配成10%～20%的石灰乳，涂刷墙壁、用具，泼洒地面，用于细菌的消毒，要现用现配。也可直接将生石灰撒于猪场门口，然后上面覆盖浸湿的草垫，用于外来车辆、人员鞋底的消毒。

(6)漂白粉 每100升水中加入2克漂白粉对饮水进行消毒。

(7)高锰酸钾 常配成0.1%～0.2%的溶液对口腔黏膜、生殖道黏膜、创面或饮水进行消毒。

除使用上述消毒药进行消毒外，还可采用其他方法进行消毒。如生物消毒法（将细菌或病毒污染过的垫草、污物堆积在一起进行发酵处理，利用污染物中微生物活动产生的热量，在几天到数天内将细菌、病毒或寄生虫卵杀死）、物理消毒法（阳光暴晒、焚烧、煮沸消毒和蒸汽消毒）。

47. 影响药物作用的因素有哪些？

药物的作用是通过药物与机体相互作用来完成的。一般来说，能够影响药物和动物机体的许多因素都会影响到药物的作用。

(1)药物本身的因素

①剂量、剂型与给药途径的影响 药物剂量过小，疗效差，达不到治疗效果，但剂量过大，易导致动物中毒或死亡。在实际操作中，许多兽医或养殖户擅自加大使用剂量，这样虽可缩短治疗时间，但不仅造成药物和财力的浪费，还可能会导致肉产品中的兽药残留和细菌的耐药性，给下一次治疗带来困难。因此，给药剂量应遵守药品的说明书，严格控制用药量。

不同剂型药物作用速度也不同。水溶液、注射剂比油剂、口服剂吸收快，见效快。

不同给药途径也会影响药物的吸收与疗效。一般来说，不同给药方式的吸收速度由快到慢依次为静脉注射（输液）>肌内注射>皮下注射>口服给药>皮肤给药（外用）。因此，对于急症、重症病例应在发现确诊后及时注射给予水溶性的注射剂，即输液或打针。轻症、缓症可给予口服剂型的药物。

②给药时间与次数　急症、重症病例越早给药效果越好。轻症、缓症病例饲喂前空腹给药，没有过饲料的干扰，吸收快、药效好。饲喂后给药，由于有饲料在胃肠道内导致吸收慢、见效慢，但这样不会对胃造成刺激，适合于刺激性大的药物。给药的次数即疗程，应根据病情而定，一般2～3天为宜，不可过长。如未见效，可能药物选择有误或病原产生了耐药性，应及时换药或更改治疗方向。

③药物间的相互作用　在实际治疗猪的疾病时一般是多种药物同时使用，应考虑到配伍禁忌问题。如四环素类药物、恩诺沙星等容易在胃肠道中与钙、铁等金属离子发生络合反应，应注意不可同时使用。中药注射剂中成分复杂，容易和其他药物发生反应，一般不要同时使用。对于常用抗菌药物的合用参见"如何合理联合使用抗菌药物"一节。

(2)动物方面的因素

①生理因素　不同日龄、性别、妊娠或哺乳期猪对同一种药物的敏感性往往不同。如给仔猪用药时，由于其肝药酶功能弱、代谢力差，因此用药时要减少剂量。氟苯尼考对妊娠母猪有妊娠毒性，因此忌用。

②功能状态　猪在肝、肾功能低下时，会导致药物的代谢物排泄出现障碍，半衰期延长，蓄积性增加，排泄缓慢，严重者引起毒性反应。

(3)环境因素　"三分治疗，七分护理"，药物虽可抑制、杀灭病原，但最终还要通过机体自身的抵抗力来达到痊愈。因此，在日常的饲养和疾病治疗过程中，要加强饲养管理，多给营养丰富的全价料，充分饮水。这些均可影响药物使用后的疗效。

48. 何谓细菌耐药性？如何应对？

耐药性又称抗药性，分为天然耐药性和获得性耐药性。前者属于细菌的遗传特性，不可改变。如绿脓杆菌天生就对大多数抗菌药物不敏感，少数金黄色葡萄球菌也有天然耐药性。获得性耐药性才是一般所说的耐药性，它是指细菌多次与药物接触后，产生了结构、生理或功能的变化，形成了具有抗药性的菌株，它对药物的敏感性下降甚至完全消失。

细菌对一种药物耐药后，往往对同一类的药物也耐药，如巴氏杆菌对磺胺嘧啶产生耐药性后，对其他磺胺药也有了耐药性，这种情况称之为完全交叉耐药。如果出现这种情况的耐药菌，就必须要换用其他种类对巴氏杆菌敏感的药物如喹诺酮类药物。如某种病原对链霉素产生了耐药，但它对庆大霉素或新霉素仍敏感，这种情况则称为部分交叉耐药。如果出现这种情况，可以换用同类药物中较新的药物来治疗。另外，应对耐药菌引起的感染，还可以采用联合用药或轮换用药。

49. 内服给药剂量与饲料添加给药剂量如何换算？

将药物添加至到饲料或饮水中，预防、治疗猪的细菌性疾病和寄生虫是现代化养猪中一种常用的方法。其具有以下优点：①对整个猪场的疾病进行群防群治。②方便经济，对于一般的细菌性疾病不需要兽医花时间对每头猪进行注射或内服给药。③减少对猪的刺激，降低应激性疾病的发生。④长期连续或固定间歇性混饲或混饮给药，对某些顽固性细菌疾病

(如猪痢疾、猪气喘病)进行根治。

实际生产中有时只知道药物的内服剂量。因此,必须要熟悉某种药物内服剂量与饲料或饮水添加的剂量换算。内服剂量是以每千克体重的用药量来计算的,一次内服量与猪的体重成正比。而饲料中添加药物的量与猪每天的饲料消耗量相关,采食量大,则添加药物的量就大。如果知道了猪口服某种药物的剂量,就可以估算出其在饲料或饮水中添加的量。

育肥猪饲料中添加药物的比例 $= D \times T/50000$

育肥猪饮水中添加药物的比例 $= D \times T/125000$

D 是猪每千克体重每次内服某种药物的毫克数,T 为 24 小时内服药物的次数,50 000 是猪每天每千克体重的饲料消耗量(育肥猪每天饲料消耗量占体重的 5%,也就是说每天平均每千克体重消耗量为 1 000 克×5%=50 克=50 000 毫克)猪对饮水的消耗量为饲料的 2.5 倍。如泰乐菌素给猪内服的剂量为每千克体重 7～10 毫克,每天 3 次,则在饲料中添加的比例为 0.042%～0.06%,即每千克饲料中添加 0.42～0.6 克。

一般情况下,仔猪的每天饲料消耗量以 6%～8%计算,种母猪以 2%～4%计算,哺乳期以 3%～5%计算。

50. 怎样给猪灌服药物?

当病猪无饮食欲时或药物有特殊气味时,常采用灌服喂药法。一般将猪保定后,用一根细棍卡在猪嘴里,使猪口腔张开,将药液倒入一斜口的细竹筒内,从猪舌头侧面慢慢倒入药液,使猪自选吞咽。如猪不咽时,可摇动木棍使其咽下。采用灌药法时要特别注意,必须要有间歇地、每次少量、慢慢灌药,防止过急或量大,使药液呛入气管,引起异物性肺炎或窒息死亡。也可以用特制的塑料灌药瓶,装上药液,保定好猪后,将药瓶插入猪的嘴角灌药，等猪咽下后再灌。

51. 怎样给猪灌肠给药？

灌肠是向猪直肠内注入大量的药液、营养液或温水，直接作用于直肠黏膜，使药液、营养液被吸收或排出宿便，以及除去肠内分解产物或炎性渗出物，以达到治疗疾病的目的。

灌肠时，大猪可行横卧保定，小猪可行倒立保定。使用小动物灌肠器，将橡胶管一头插入直肠，另一端连接漏斗，将药液倒入漏斗内，即可灌入直肠。也可以用 100 毫升注射器注入药液。

注意操作时动作要轻，插入橡胶管时要缓慢进行，以免损伤肠黏膜或造成肠穿孔。将药液注入后由于排便反射，易被排出。为防止药液被排出，可用手压迫尾根或肛门，或在注入药液的同时，用手指刺激肛门周围，也可按摩腹部。

52. 怎样给猪注射药物？

注射俗称打针，是预防、治疗猪病经常采用的主要措施，常用的方法主要有以下几种：

(1)皮下注射　是将药液注射到皮肤与肌肉之间疏松的组织中，借助皮下毛细血管的吸收而作用于全身。由于皮下有脂肪层，吸收较慢，一般 5～15 分钟后才产生药效，注射部位多位于猪的耳根后部或大腿内侧。

(2)肌内注射　是将药液注入肌肉内，由于肌肉内血管丰富，药液吸收较快。注射部位多位于颈部或臀部。

(3)静脉注射　俗称输液，是将药液直接注入静脉血管内，使之迅速产生药效。注射部位多是耳静脉。输液时把猪保定在猪床上或输液前先给猪注射一针镇定剂，输液时把耳朵根部用绳捆住，可以容易找到血管。

(4)腹腔注射 是将药液注射到腹腔内，这种方法一般是在耳静脉不易注射时使用。注射部位，大猪在腹肋部，小猪在耻骨前3～5厘米腹路线侧方。

53. 注射药物时有哪些注意事项？

注射前，针头和注射器要彻底消毒。注射时要将猪保定好，注射部位用75%酒精消毒。注射后用酒精棉球压住针孔处的皮肤，拔出针头。稀释药液时要注意药液是否混浊、沉淀或过期。凡有刺激性或不容易吸收的药物，如青霉素、磺胺类药液，常作深部肌内注射。在抢救危急病猪时，输液量大、刺激性强、不宜做肌内注射或皮下注射的药物，如氯化钙、25%葡萄糖，可做静脉注射。注射器中的空气一定要排净，再注射。一次性塑料注射器用完后应丢弃。不锈钢管的可重复用，注射器用完后，要及时清洗，晾干，妥善保管。

54. 猪服药后有哪些忌口？

(1)绿豆 绿豆可解百毒，也可解百药。因此服药后禁用。

(2)高粱 高粱中含有鞣酸，收涩力强。使用泻药时禁用。

(3)黄豆、豆饼 黄豆中含有钙、铁、镁等矿物质，如果同时服用四环素类药物，可与这些矿物质形成不消化的化合物而降低疗效，故禁用。

(4)麸皮 麸皮中含有大量磷而缺钙。在治疗软骨病、肠结石时禁用。

(5)麦芽 麦芽可抑制乳汁分泌。在用催乳药时禁用。

(6)石粉、骨粉　因含有的矿物质较多，可降低四环素类药物的疗效。故在此类抗菌药使用期间禁用。

55. 在治疗疾病时如何综合全面使用药物？

猪患某种疾病时，虽然是由某种病原引起的，但猪会表现出一系列的综合症状。所以在治疗时，如病情较缓，可只采用杀灭病原的对因治疗法；如病情较急，可能威胁到猪的生命时，则应首先采取对症治疗，保全猪的生命再去对因治疗，这两点在实践中多配合使用。如发生猪肺炎支原体引起的猪气喘病时，咳嗽、哮喘、肺炎会同时出现。虽然前述有很多药物可以杀灭支原体，但当病情危重，由于剧烈咳嗽或哮喘易造成窒息死亡时，只使用能抑制杀灭支原体的药物显然不够。因此，应采取对因治疗与对症治疗结合的综合治疗措施。首先给猪肌内注射头孢噻呋或替米考星或土拉霉素等杀灭支原体的药物，同时应使用咳必清或氨茶碱或喘定等缓解咳嗽、哮喘的药物配合治疗。

四、传染病防控技术

56. 当前猪病发生有什么特点?

当前猪病比较复杂,主要存在以下特点。

(1)老疫病仍然存在,新疫病不断增多 尽管我国的兽医水平有了很大的提高,但很多老的传染病仍然严重威胁着我国养猪业的发展,如猪瘟、大肠杆菌病、猪气喘病等。在这些老的疫病还没有得到有效控制的前提下,新的疫病又不断出现,如圆环病毒病、副猪嗜血杆菌病等,这些原来不曾发生或者危害较低的疫病逐渐出现或抬头,进一步加大了猪病防治的难度。

(2)免疫抑制病增多 免疫措施对猪群的健康十分关键,但近年来猪场免疫抑制病逐渐增多,如圆环病毒病、蓝耳病、附红细胞体病等,大大降低了猪群的免疫功能,增加了感染其他病原的几率。

(3)多种疫病混合感染 目前猪群发生疫病时,单一发病逐渐减少,混合感染日益增多。特别是在猪群发生疾病后,如没有得到及时有效的治疗,使猪的体质下降,进一步感染其他病原。两种或者两种以上疫病混合感染,造成病猪症状和病变复杂化,使临床诊断难度增加,治疗难度增大,也进一步加大了对猪场的危害,一旦发生,猪场往往损失较大。

(4)病原毒株变异 在众多猪场使用预防药物和疫苗的压力下,病毒细菌的变异速度加快,有的病原出现毒力明显增强的变异株,如蓝耳病病毒,有的病原出现较强的耐药性毒株，如大肠杆菌和葡萄球菌等，这些变异病原毒株的出现，加大了猪场疫病防治难度，一旦发病，使猪场损失严重。

57. 传染病对猪场有什么危害？

传染病对猪场的危害主要表现在可以引起猪只大批死亡、发病后可能大量淘汰猪只、引起生产性能大幅度下降、严重影响猪的生产性能和增加猪场的药费开支等方面。

(1)死亡 传染病与其他疫病的区别主要在于一旦发病后可以继续扩展蔓延，引起其他健康猪发病。所以，一旦猪场发生传染病而引起猪死亡，死亡的数量往往比较多。例如2006年全国猪场发生的高致病性蓝耳病，很多发病猪场死亡猪在40%以上，甚至有的猪场全军覆没。所以传染病在猪场发生后，引起猪的死亡，是对猪场最直接的危害。

(2)淘汰 发生口蹄疫等烈性传染病后，需要将疫区全部可能受感染的猪只捕杀、焚烧和深埋。如果猪场个别猪发生口蹄疫，不但要将该猪场内所有的猪全部捕杀，其所在地区猪场的猪只都应全部捕杀。所以一旦发生烈性传染病，需要大量捕杀淘汰猪只。

(3)生产性能下降 猪场发生繁殖障碍性传染病后，会严重影响种猪的生产性能，引起种猪的不孕不育、流产、死胎、木乃伊胎和弱仔。发生腹泻性传染病后，即使治愈，也严重影响猪的生长速度。

(4)医药费增加 当前任何规模化猪场，为了防制传染病，都花费了大量的物力和人力。购买疫苗、药物的费用，已经成为猪场的负担，影响了猪场的经济效益，制约了猪场的发展。

58. 猪场传染病的发病过程是怎样的？

猪场传染病的发生，一般包括 4 个阶段。分别为潜伏期、前驱期、明显期和转归期。

(1)潜伏期 自病原微生物侵入猪体起，直至最初症状出现以前这一段时间称为潜伏期。其实质是病原体在猪体内繁殖、积聚、转移、定位引起组织损伤和功能的改变，导致临床症状出现之前的整个过程。

(2)前驱期 从发病至症状明显开始的时期，表现一般非特异性的症状，如体温升高、食欲下降、精神沉郁、呼吸与脉搏增加为许多传染病所共有。

(3)明显期 前驱期之后，原有症状由轻变重，新的症状相继出现，并逐渐出现该传染病的特征性症状或全部症状的时期。

(4)转归期 疾病的最终发展方向。

其中潜伏期为病猪的最佳治疗阶段，猪群个别猪表现出发病后，可能会有较多的猪已经感染却没有表现出症状，即处于潜伏期，此时应全群通过口服给药，对感染的猪进行治疗，对未感染的猪进行预防。前驱期症状为非特征性的，该时期一旦出现，应及时找兽医进行诊断，尽早治疗，否则病情一旦进一步发展，控制的难度会加大。明显期是很多猪场容易认识到的一个时期，不同的传染病表现出不同的临床症状，但是病情发展到该阶段再进行治疗，往往难度较大，药费投入比较多，效果却不是很明显。

59. 猪场传染病的发生和流行受哪些因素的影响？

传染病的发生和流行，包括 3 个基本环节：传染源，传播途径，易感动物。

传染源是指有某种传染病的病原体在其中寄居、生长、繁殖、并能排出体外的动物机体（受感染的猪）。传播途径是指将病原从传染源传播给易感动物（猪）的各种外界环境因素。易感动物：对某种传染病病原体感受性强的动物。上述 3 个环节影响着传染病的发生和流行，只要能够影响到上述 3 个环节的因素，都可以影响猪场传染病的发生和流行。

（1）自然因素 主要包括地理位置、气候、植被、地质水文等。它们对 3 个环节的影响是错综复杂的。

①*作用于传染源* 自然因素对传染源这一环节的影响，例如一定的地理条件（海 河、高山等）对传染源的转移产生一定的限制，成为天然的隔离条件，季节变换、气候变化引起机体抵抗力的变动，如气喘病的隐性病猪，在寒冷潮湿的季节里病情恶化，咳嗽频繁，排出病原体增多，散播传染的机会增加。反之，在干燥、温暖的季节里，加上饲养情况较好，病情容易好转，咳嗽减少，散播传染的机会小。

②*作用于传播媒介* 自然因素对传播媒介的影响非常明显。例如，夏季气温上升，在吸血昆虫滋生的地区，作为传播流行性乙型脑炎等病的媒介昆虫蚊类的活动增强，因而乙型脑炎病例增多。日光和干燥对多数病原体具有致死作用，反之，适宜的温度和湿度则有利于病原体在外界环境中较长期的保存。当温度降低、湿度增大时，有利于气源性感染，因此呼吸道传染病在冬春季发病率常有增高的现象。洪水泛滥季节，地面粪尿被冲刷至河塘，造成水源污染，易引起钩端螺旋体病、炭疽的流行。

③*作用于易感动物* 自然因素对易感动物这一环节的影响首先是改变机体的抵抗力。例如温度和气候的影响，在低

温高湿的条件下，可使易感动物受凉，降低呼吸道黏膜的屏障作用，有利于呼吸道传染病的流行。在高气温的影响下，肠道的杀菌作用降低，使肠道传染病增加。又如不同季节动物的营养状况也不同，故对疾病的抵抗力也不同。再如不同地域的动物，其遗传学和生物学特性也不相同，因此其对疾病的易感性往往也有差异。

(2)社会因素

①*社会政治、经济制度* 影响传染病流行过程的因素主要包括：社会的政治经济制度、生产力和人们的经济、文化、科学技术水平以及贯彻执行法规的情况等，它们既可能是促进传染病广泛流行的原因，也可以是有效消灭和控制传染病流行的关键。因为动物和其所处的环境除受自然因素影响外，在很大程度上是受人们的社会生产活动影响的，而后者又取决于社会制度等。

严格执行兽医法规和防制措施是控制和消灭传染病的重要保证。世界很多国家根据多年来防疫工作的实践和存在的问题，制定了一系列的法令和规章，统称为兽医法规。这些法规赋予兽医人员以明确的权限，对不遵守法规的人员和单位，兽医人员有权按法律予以处理，令违法者赔偿或处以罚款。美国规定，农业部长可根据疫情的严重情况，宣布兽医紧急状态；英国和日本则有兽医警察，监察疫情和监督法规的执行。由于兽医人员对动物疫病的控制具有很大的权力，从而使他们便于根据实际情况采取应急措施。实践证明，缺乏法律约束和长远的防疫规划，是造成一些传染病不能被消灭甚至使疫情扩散的主要原因之一。因此，各地应根据我国已颁布的兽医法规，制定防疫规划并严格贯彻执行，这样就可能消灭和控制危害养殖业生产的各种传染病。

②饲养管理因素　畜舍的整体设计、规划布局、建筑结构通风设施、饲养管理制度、卫生防疫制度和措施、工作人员素质乃至垫料种类等都是影响传染病的因素。有时甚至小气候也会对流行过程产生明显的影响。小气候又称为微气候，是指在特定小空间中的气候。

60. 传染病有什么特征？

(1)病原　传染病是在一定环境条件下由病原微生物与猪体相互作用引起的：每一种传染病都有其特异的致病微生物存在，如猪瘟是由猪瘟病毒引起的，没有猪瘟病毒就不会发生猪瘟。

(2)传染性与流行性　从被感染猪体内排出的病原体侵入另一有易感性的猪体内，能引起同样症状的疾病，这种特性叫传染性。当一定的条件环境适宜时，在一定的时间内，某一地区易感猪群中可能有许多猪被感染，致使传染病蔓延散播，形成流行，这种叫传染病的流行性。

(3)被感染猪体发生特异性反应　在传染病发展过程中由于病原微生物的抗原刺激作用，猪体发生免疫生物学的改变，产生特异性抗体和变态反应等。这种改变可以用免疫学方法等特异地检查出来。

(4)耐过动物获得性免疫　患病猪耐过后，在大多数情况下均能产生特异性免疫，使机体在一定时期内或者可以终生不再患该种传染病。因此，传染病可以通过免疫接种来预防。

(5)具有特征性临床表现　大多数传染病具有特定的潜伏期，特征性的症状和病理变化及病程经过。

(6)具有明显的流行规律　传染病在猪群中流行时具有一定的时限，而且许多传染病都表现出明显的季节性和周期性。

61. 猪场发生传染病后应按什么程序进行诊断?

猪场发生传染病后，根据病情轻重，一般按以下4个步骤进行诊断。

(1)流行病学诊断 是在流行病学调查的基础上进行的，病情调查可以在临诊诊断过程中进行，以座谈形式询问相关知情人员，或对现场进行仔细观察、检查，取得第一手资料，然后进行归纳分析，做出初步诊断。流行病学调查一般要调查清楚以下问题。

①本次流行情况 最初的发病时间，病情的发展，发病猪的种类和数量，针对本次发病采取了哪些措施，使用过什么药物，效果如何，猪群在什么日龄做过哪些免疫，是否进行过免疫监测，并查明发病率、死亡率等。

②疫情来源调查 该场过去是否发生过类似疫病，最近是否曾新引进种猪或商品猪，该场周边养殖场是否有相似疫病发生等。

通过该流行病学调查，不但可以为流行病学诊断提供依据，而且也可以为拟定合理的防疫措施提供依据。

(2)临诊诊断 是最基本的诊断方法。是利用人的感官或者借助一些简单的器械如体温计、听诊器等直接对病猪进行检查。检查的主要内容包括病猪的精神、食欲、体温、体表及被毛变化，分泌物和排泄物特征，呼吸系统、消化系统、泌尿生殖系统、神经系统、运动系统及五官变化等。由于传染病发生后往往有独特的症状，所以对这些具有临诊症状的典型病理如气喘病、猪瘟、水肿病等，经过仔细的临诊检查，一般可以做出诊断。

但临诊具有一定的局限性，特别是对病情初期，病猪还没有表现出特征性症状的，或者非典型病例，或混合感染病例，单纯的依靠临诊诊断往往难以做出诊断，结合其他诊断方法才能确诊。

(3)**病理剖检诊断** 传染病发生后，病死猪往往有一定的特征性病理变化，有些疫病，如猪瘟、猪气喘病还有特征性的病理变化，具有很大的诊断价值，可以作为诊断依据之一，因此病理剖检是诊断传染病的重要方法之一。

病理剖检诊断主要靠肉眼判断病变或者叫大体病变。剖检由兽医人员在指定的地点和场所来完成，不可任意随地剖检，以免造成病原的散播。如果怀疑是炭疽等烈性病时，严禁剖检。进行病理剖检时，一般可以按照以下顺序进行：先观察病死猪体表外观变化，包括尸体僵硬情况，被毛和皮肤变化，天然孔有无分泌物和出血，体表有无肿胀和异常等。然后检查内脏，先胸腔后腹腔；先看外表(浆膜)再切开实质脏器，先检查消化系统以外的器官组织，最后检查消化系统。检查时主要注意喉头、气管、肺脏、心脏、肝脏、肾脏、脾脏、膀胱、淋巴结、肠道等的异常变化。由于每种传染病的特征性病理变化不可能在每一头病死猪都表现明显，所以，在条件允许时应剖检尽量多的病例。另外，剖检时尽量选择症状典型，病程较长和未经过治疗的自然死亡猪进行剖检。

(4)**实验室诊断** 由于猪病日益复杂，混合感染和非典型感染增多，所以在以上三种诊断方法难以确诊时，有必要进行实验室诊断。

①病理组织学诊断 指观察组织学病变或者叫显微病变。有些疫病引起的大体病变不明显，仅靠肉眼很难做出判

断，还需要进行病理组织学诊断才有价值。

②病原学诊断　包括病料的采集、涂片和镜检，病原的分离培养和鉴定，动物接种等。

a. 病料的采集　正确采集病料是进行病原学诊断的重要环节。病料力求新鲜，最好在濒死时或者死亡数小时内采取，采取病变明显的器官，进行妥善的包装后送检。

b. 病料的涂片和镜检　把病变明显的器官涂片数张，进行染色后镜检，此种方法对于形态特征明显的病原意义较大，如猪巴氏杆菌等可以迅速做出诊断。但对大多数传染病来说，只能作为参考。

c. 分离和培养　此部分一般将怀疑细菌性疾病的病料接种人工培养基，或者将怀疑病毒性病料接种细胞等，进行病原的分离和培养。但该操作在猪场的实验室操作往往难以实现，需要送科研院所辅助进行。

d. 动物接种试验　选择对病原体敏感的动物接种，观察接种动物的症状和病变来进行诊断。如怀疑是伪狂犬病例时，可以采取小脑或延脑，研磨后给家兔注射，如果经过 72 小时发现家兔死亡，并且在接种部位出现抓挠所致的溃烂，则可确诊为伪狂犬病。

③免疫学诊断　免疫学诊断是传染病诊断时最常用的实验室诊断方法之一。主要包括各种血清学试验。血清学试验的原理基本相似，都是利用的抗原抗体反应，用已知的抗原检测抗体，或者用已知的抗体检测抗原。包括凝集试验、病毒中和试验、补体结合试验和免疫酶技术（ELISA）。ELISA 技术近年来在猪场的应用逐渐增多，对疫病的防控发挥了重要作用。

④分子生物学试验　目前应用最多的就是 PCR 技术。

该技术可以在猪场发病后，通过检测病原基因片段对疫病进行确诊，是最有力的诊断依据。

62. 当前猪场常发的传染病有哪几类？包括哪些主要的传染病？

猪场常发的传染病有引起消化道症状的传染病，引起呼吸道症状的传染病，以败血症为主的传染病，以神经症状为主的传染病，以皮肤和黏膜出现水疱症状为主的传染病，以贫血黄疸症状为主的传染病，以繁殖障碍综合征为主和表现皮炎症状的传染病。

(1)消化道症状为主的传染病

①仔猪黄痢　由大肠杆菌引起，常发生于1周龄以内的仔猪，以排黄色水样稀粪、迅速死亡为特征。

②仔猪白痢　由大肠杆菌引起，常发生于10～20日龄的仔猪，以排白色或灰白色有腥臭味的浆状、糊状粪便为主。

③仔猪梭菌性肠炎　由C型产气荚膜梭菌引起的，常发生于1周龄以内的仔猪，以排血色粪便、病程短、死亡率高为主要特征。

④猪传染性胃肠炎　由猪传染性胃肠炎病毒引起，不同年龄阶段的猪均可表现为呕吐和腹泻，10天以内的仔猪死亡率高。

⑤猪流行性腹泻　由猪流行性腹泻病毒引起，主要发生于8周龄以内的猪，2周龄以内的猪死亡率较高，粪便以灰白色、灰黄色为主。

⑥猪痢疾　由致病性猪痢疾蛇形螺旋体引起，主要发生于7～12周龄的猪，临床表现为消瘦、黏液性或出血性下痢。病理变化以大肠黏膜卡他性、出血性及坏死性炎症为特征。

⑦轮状病毒感染　由轮状病毒引起，常发生于2～8周龄的仔猪，临床引起严重的腹泻和高死亡率。

(2)呼吸道症状为主的传染病

①副猪嗜血杆菌病　由副猪嗜血杆菌引起，主要在断奶前后和保育阶段发病，临床以咳嗽、呼吸困难、消瘦、跛行为特征；剖检病变以胸膜炎、心包炎、腹膜炎、关节炎和脑膜炎为特征。

②气喘病　由猪肺炎支原体引起猪的一种慢性呼吸道疾病，主要特征为咳嗽、气喘及支气管肺炎。

③猪传染性胸膜肺炎　由猪胸膜肺炎放线杆菌引起的呼吸道传染病，以肺炎和胸膜炎为特征。

④猪肺疫　是由多杀性巴氏杆菌引起的猪的一种急性、热性传染病。其特征是最急性型呈败血症和咽喉炎，急性型呈纤维素性胸膜肺炎，慢性型较少见，主要表现为慢性肺炎。

⑤猪流行性感冒　由猪流感病毒引起的猪的一种急性、热性、高度接触性传染病，特征为突然发病、发热、肌肉和关节疼痛及呼吸道炎症。

⑥猪传染性萎缩性鼻炎　是由支气管败血波氏杆菌和产毒素多杀性巴氏杆菌引起的猪的一种慢性呼吸道传染病，临床上以鼻甲骨(尤其是下卷曲部分)萎缩、颜面部变形、慢性鼻炎、生长迟缓等为特征。

(3)以败血症为主的传染病

① 猪瘟　由猪瘟病毒引起的一种急性、热性传染病。特征为：发病急、高热稽留和细小血管变性，引起全身泛发性小点出血，脾脏梗死。

②猪链球菌病　由链球菌引起的不同临床类型的传染病。常见败血性链球菌和关节炎性链球菌病。急性型以出血

性败血症和脑炎，慢性型以关节炎、心内膜炎及组织化脓性炎症为特征。

③猪副伤寒　由沙门氏菌引起的仔猪的一种传染病。急性型以败血症，慢性型以坏死性肠炎为主要特征。

④炭疽　是由炭疽杆菌引起的人兽共患的一种急性、热性、败血性传染病。以突然高热和死亡、可视黏膜发绀和天然孔流出煤焦油样血液为特征。

(4)以神经症状为主的传染病

①猪水肿病　由产毒素型大肠杆菌引起的断奶仔猪的一种肠毒传染病。其特征为脸部、眼睑、胃壁及肠系膜部位发生水肿。

②伪狂犬病　由伪狂犬病毒引起的一种急性传染病。以新生仔猪表现神经症状，成年猪常隐性感染，妊娠母猪感染后引起流产和死胎为特征。

③李氏杆菌病　由单核细胞增多性李氏杆菌引起的一种人兽共患传染病。猪发病后以脑膜炎、败血症和妊娠母猪流产为主要特征。

④破伤风　由破伤风梭菌经伤口感染引起的一种人兽共患传染病。以全身骨骼肌持续性、强直性痉挛和神经反射性增高为特征。

⑤猪血凝性脑脊髓炎　是由血凝性脑脊髓病毒引起。以2周龄以内的仔猪感染发病率高，病猪出现发热、精神沉郁、呕吐、便秘、犬坐姿势、中枢神经症状为特征。

(5)以皮肤和黏膜出现水疱为主的传染病

①口蹄疫　由口蹄疫病毒引起的偶蹄兽的一种急性传染病。主要以口腔黏膜、蹄部及乳房皮肤发生水疱和溃烂为特征。

②猪水疱病　由猪水疱病病毒引起的急性传染病。以蹄部发生水疱为主要特征，有时在口部、鼻端和乳房周围皮肤也可发生水疱。

③水疱性口炎　由水疱性口炎病毒引起的猪的一种急性传染病。以口腔黏膜和蹄部皮肤发生水疱，破溃后形成溃疡为主要特征。

(6)以贫血、黄疸为主的传染病

①附红细胞体病　由附红细胞体引起的人兽共患传染病。以贫血、黄疸和发热为特征。

②猪圆环病毒感染　由猪圆环病毒2型引起的一种传染病。以贫血、黄疸、消瘦、腹泻、呼吸困难、全身淋巴结显著肿胀为特征。

(7)以繁殖障碍为主的传染病

①猪繁殖与呼吸综合征　由猪繁殖与呼吸综合征病毒引起的繁殖和呼吸道传染病。主要特征是妊娠母猪流产、死产和产木乃伊胎，2～28日龄仔猪表现呼吸道和神经症状。

②猪细小病毒感染　由猪细小病毒引起的猪的一种繁殖障碍性传染病。本病以繁殖母猪早期胎儿出现死亡，妊娠后期出现流产、死产、产出木乃伊胎和发育不正常胎儿为主要特征。

③流行性乙型脑炎　由流行性乙型脑炎病毒引起的一种人兽共患传染病。其特征为母猪流产、死胎和公猪睾丸炎，新生仔猪脑炎。

④布鲁氏菌病　由猪布鲁氏菌引起的一种急性或慢性传染病。母猪患病后，发生流产、子宫炎、跛行和不孕症；公猪患病后，发生睾丸炎和副睾炎。

⑤衣原体病　又称鹦鹉热或鸟疫，是由鹦鹉热衣原体引

起的一种接触性传染病。可引起肺炎、胸膜炎、关节炎、心包炎、睾丸炎和子宫炎感染等多种病型，后两种感染常导致流产。常因菌株毒力及猪的性别、年龄、生理状况和环境因素的变化而出现不同的症候群。

(8)表现为皮炎症状的传染病

①仔猪渗出性皮炎　是由猪葡萄球菌感染引起仔猪的一种急性接触性传染性皮炎。以全身油质样渗出性皮炎为特征，故又称仔猪油皮病、猪接触传染性脓疮病。

②猪丹毒　由猪丹毒杆菌引起的猪的一种急性热性传染病。病程多为急性败血型或亚急性的疹块型，转为慢性的多发生关节炎、心内膜炎。主要侵害架子猪。

63. 如何防控仔猪黄痢?

[流行特点]　该病主要发生在1～3日龄的乳仔猪，7日龄以上的乳仔猪较少发生此病。仔猪发生黄痢时，常波及一窝仔猪的90%以上，病死率很高，有的达100%。带菌母猪是本病发生的主要传染源，由粪便排出病菌，污染母猪的乳头、皮肤及环境。仔猪出生后吸吮乳头和舔舐母猪皮肤时，或到处乱舔时，经消化道进入胃肠内传染发病。新建猪场，从不同场区引进种猪，如患有仔猪黄痢的病史，也会导致本病的扩散。本病的流行无季节性。猪场内一旦流行了仔猪黄痢病，就会经久不断，很难根除。

[临床症状]　仔猪出生时体况正常，经一定时日，突然有1～2头表现全身衰弱，迅速死亡。有的乳仔猪出生后12小时左右发生此病，有的在1～3日龄发生此病。最急性型，不显临床症状就突然死亡。病仔猪突然发生腹泻，粪便呈黄色浆糊状或黄色水样，并含有凝乳小片。病仔猪肛门松弛，捕

捉时会因挣扎或鸣叫而增加腹压，常由肛门排出稀粪，呈水样喷出。病程稍长，很快消瘦、脱水，最后因衰竭昏迷而亡。

[病理变化] 尸体脱水严重，皮下常有水肿。小肠急性卡他性炎症和败血症的变化，小肠黏膜红肿、充血或出血；肠壁变薄、松弛，有多量黄色液状内容物和气体。胃黏膜发红。肠系膜淋巴结肿大。重者心、肝、肾等脏器有出血点，有的还有小的坏死灶。

[诊断要点] 根据流行病学、临床症状和病理变化可做出初步诊断。确诊需进行细菌学检查。临床要注意仔猪黄痢与猪传染性胃肠炎、猪流行性腹泻和仔猪红痢的鉴别诊断。

①猪传染性胃肠炎　猪传染性胃肠炎的发病范围比仔猪黄痢宽，不但1周龄以内的猪可以发病，育肥猪等也可以出现腹泻，只是随着日龄的增大而死亡率降低。并且猪传染性胃肠炎使用抗菌药物治疗无效。

②猪流行性腹泻　猪流行性腹泻1周龄以内的仔猪发病死亡率高，但是随着日龄的增大死亡率降低，并且一般在冬末春初发病较多。腹泻时有些猪排黄色稀粪，有些排灰色或者灰白色粪便。所以其在发病年龄、发病季节和粪便颜色上与仔猪黄痢有所区别。

③仔猪红痢　仔猪红痢也多发生于1～3日龄仔猪，病程短，死亡率高，与黄痢有些相似。但仔猪红痢以排出红色黏性稀粪为特征。剖检时，腹腔内有多量淡红色液体，小肠内容物大多为红色，并混杂有小气泡，肠系膜内也有小气泡，肠黏膜出血和坏死。

[防控技术]

①预防　做好本病的预防工作，需从以下几个方面入手。

一是要做好猪舍的环境卫生和消毒工作。产房应保持清洁干燥、不蓄积污水和粪尿，注意通风换气和保暖工作。母猪临产前，要对产房进行彻底清扫、冲洗、消毒。垫上干净的垫草。母猪产仔后，把仔猪放在已消毒好的保温箱里或筐里，暂不接触母猪。待把母猪的乳头、乳房、胸腹部皮肤用0.1%高锰酸钾水溶液擦洗干净后(消毒)，逐个乳头挤掉几滴奶水后，再让仔猪哺乳，这样就切断了传染途径。

二是要做好对初生仔猪"开奶"前的用药工作。就是在仔猪初生后，未让仔猪吃初乳之前，全窝逐头用抗菌素药(庆大霉素、链霉素等)口服。以后每天服1次，连服3天。防止病从口入。

三是要做好对母猪的接种免疫工作，提高保护率，我国已制成大肠杆菌K88ac-LTB双价基因工程菌苗，大肠杆菌K88、K99双价基因工程菌苗和大肠杆菌K88、K99、987P三价灭活菌苗，前两种采用口服免疫，后一种用注射法免疫。均于产前15～30天免疫(具体用法参见说明书)。母猪免疫后，其血清和初乳中有较高水平的抗大肠杆菌的抗体，能使仔猪获得很高的被动免疫的保护率。

②药物治疗

a. 抗菌素药物疗法　一旦有病猪出现，应立即全窝给予土霉素、庆大霉素、磺胺甲基嘧啶、磺胺脒、黄连素等，并辅以对症治疗。由于细菌易产生抗药性，可同时应用两种药物。

b. 微生态制剂疗法　目前市场上有促菌生、乳康生和调痢生等三种制剂。三者都有调整胃肠道内菌群平衡，预防和治疗仔猪黄痢的作用。促菌生，于仔猪吃奶前2～3小时，喂3亿活菌，以后每日1次，连服3次；与药用酵母同时喂服，可提高疗效。乳康生，于仔猪出生后每天早晚各服1次，连服2天，以后每隔1周服1次，每头仔猪每次服0.5克(1片)。调痢生，每千克体重 0.10～0.15 克，每日 1 次，连用 3 天。在服用微生态制剂期间禁止服用抗菌药物。

64. 如何防控仔猪白痢?

[流行特点] 以 10～20 日龄仔猪多发，30 日龄以上仔猪很少发病，一年四季均可发生，以冬季和炎热夏季气候骤变时多发。1 窝仔猪中发病常有先后，此愈彼发，拖延 10 余日才停止。本病的发生与饲养管理和环境条件密切相关，如母猪奶量过多或过少，奶脂过高，母猪饲料突然改变、过于浓厚或配合不当，气候骤变，圈舍阴冷潮湿、污秽不洁等，导致仔猪抵抗力下降，肠道内菌群失调，引起发病。健康仔猪吃了病猪粪便污染的食物时，也会引发此病。一窝仔猪中有一只猪发病后，就会很快将疫病传染给全窝。发病率高(约 50%)，但死亡率低。

治疗不当和不消除发病诱因，则病情加剧，病猪下痢次数增多，精神委顿，行动迟缓，怕冷，吃奶减少或不食，但有渴感。严重的可见脱水，逐渐消瘦，被毛粗乱无光泽，眼结膜苍白，一般经过 5～6 天死亡，或拖延 2～3 周以上。

[临床症状] 突然发生腹泻，粪便呈浆糊状，乳白色、灰白色或淡黄色，味腥臭。随着病势加重，病猪精神不振，被毛无光，眼结膜和皮肤苍白，肛门周围被粪便污染不洁，表现口渴、不吃奶，食欲减退，逐渐消瘦，脱水，堆叠伏卧，发育迟缓，拱背，行动迟缓，体温无明显变化。一般病程 2～3 天，长的 1 周左右，但病愈后严重影响仔猪生长发育，并容易继发其他疾病，常成僵猪，有的并发肺炎，常因衰竭而死亡，大约有 10% 的死亡率，高的可达 50%以上，多数自行康复。

[病理变化] 尸体外表苍白、消瘦。胃黏膜充血、出血、

水肿，覆盖黏液。肠壁变薄，灰白半透明，肠黏膜易剥落，肠内空虚。肠系膜淋巴结肿大、水肿，滤泡肿胀。

［诊断要点］ 根据流行病学、临床症状和病理变化可做出初步诊断。

［防控技术］

①预防措施 给妊娠母猪和哺乳母猪提供合理的营养，确保母猪产后食欲旺盛、泌乳量高。妊娠母猪于产前21天、14天用仔猪大肠杆菌基因工程五价苗（K88、K99、987P、F41、LTB）1头份，各免疫接种1次。母猪产前或产后8小时内注射强效土霉素注射液（0.5毫升/千克），避免母源性病原微生物传递给仔猪引起发病。母猪生产时，接产员要保证无菌操作，产仔后母猪栏圈要保持清洁干燥，防止乳头污染，不让仔猪吸吮不洁乳头。仔猪出生后，在喂乳前，要用0.1%高锰酸钾溶液做好母猪乳房消毒工作，并喂仔猪2～3毫升，然后再喂初乳。加强对仔猪的各项管理。仔猪出生后12小时剪牙。仔猪出生后口服有益活菌制剂或口服抗生素，2次/天，连用3天。出生后3日补铁150毫克、硒1毫克，15日龄时重复1次，用量加倍。仔猪3天后开始补水，在补水中加入酸制剂。仔猪7～8日龄开始补料，可同时在饲料中加入酸化剂及活菌制剂，也可单独在饲料中加入一些抗生素。当母猪产后无乳、少乳或产仔数过多时，要及时做好仔猪的寄养工作。给仔猪提供适宜的环境。仔猪初生时要注意保温工作，环境要保持卫生、干燥，并保持每周消毒1次。

②治疗措施 长效治菌磺，0.2～0.3毫升/千克体重，肌内注射；或左旋氧氟沙星，0.05毫升/千克体重，肌内注射，1次/天，3天为1个疗程；痢菌净，3毫克/千克体重，肌内注射，2次/天，连用3～5天；或黄连素注射液，2毫升/次，肌内注

射,3 次/天,连用 5 天。重症病例,2.5%恩诺沙星注射液(0.2 毫升/千克体重)+磺胺间甲氧嘧啶钠注射液(0.2 毫升/千克体重),混合后肌内注射,1 次/天,连用 2 次。经久难治者,用诺氟沙星注射液(0.1 毫克/千克体重),直接稀释后深部肌内注射,1 次/天,连用 3 天。

65. 如何防控仔猪梭菌性肠炎?

[流行特点] 本病又称仔猪红痢,主要侵害 1～3 日龄仔猪,1 周龄以上仔猪很少发病。病死率一般为 20%～70%,有时可达 100%。本菌常存在于母猪肠道中,随粪便排出,污染哺乳母猪的奶头及垫料,当初生仔猪很短时间内吮吸母猪的奶或吞入污染物,细菌进入空肠繁殖,引起仔猪感染。发病较急,病程也较短,死亡率较大,应引起高度重视。本菌在自然界分布很广,存在于人畜肠道、土壤、下水道和尘埃中,猪场一旦发生本病,不易清除,若不采取预防措施,以后出生的仔猪会重新发病,这给根除本病带来一定困难。

[临床症状] 仔猪在出生后的数小时至 1～2 天发病,发病后的几小时至 2 天出现死亡,有的仔猪出生后突然不吃母乳,精神萎靡,并不腹泻,在抽搐状态下死亡。有的病程稍长的病仔猪,离群独居并四肢无力、怕冷、腹泻,排出灰黄色或灰绿色的稀便,然后逐渐变成红色糊状,有的混有坏死组织碎片并混有气泡,但体温并不高。大多数病仔猪死亡。有少数耐过恢复健康。

[病理变化] 主要见于空肠,有的可扩展到回肠。空肠呈暗红色,肠腔充满含血的液体,空肠部绒毛坏死,肠系膜淋巴结鲜红色。病程长的以坏死性炎症为主,黏膜呈黄色或灰色坏死性假膜,容易剥离,肠腔内有坏死组织碎片。脾边缘有

小点出血，肾呈灰白色。腹水增多呈血性，有的病例出现胸水。

［诊断要点］ 根据流行病学、症状和病变特点，如本病发生于1周龄内的仔猪，红色下痢、病程短、病死率高，肠腔充满含血的液体，以坏死性炎症为主，可做出初步诊断。确诊必须进行实验室检查。取离心的内容物上清液静脉注射一组小鼠，并取滤液与C型产气荚膜梭菌抗毒素血清混合，注射另一组小鼠做对照实验，如单注射滤液的小鼠死亡，而另一组小鼠健活，即可确诊。

［防控技术］

①*预防措施* 做好猪舍、场地、环境的清洁消毒工作，特别是做好产房及临产母猪的清洁消毒工作，接生前母猪的奶头要进行清洗和消毒。妊娠母猪产前1个月肌内注射C型魏氏梭菌灭活疫苗或仔猪红痢干粉菌苗5毫升，2周后再注射10毫升，使母猪免疫，仔猪通过吃初乳获得被动免疫，这是预防本病最有效的办法。仔猪生下后在未吃初乳前及以后的3天内投服青霉素或与链霉素并用，可有预防效果。预防用量8万单位/千克体重。

②*治疗方法* 由于本病发病迅速，病程短，发病后用药物治疗往往疗效不佳，必要时用抗生素或磺胺类对刚出生仔猪立即口服，或青霉素或与链霉素并用，10万单位/千克体重，每日2～3次，作为紧急的药物预防。对于经济价值较高可以使用抗毒素血清进行治疗，可获得充分保护，但注射要早，否则效果不佳，适用血清治疗费用较高。

66. 如何防控猪传染性胃肠炎？

［流行特点］ 在3～4天内暴发流行，迅速传播至邻近

各栏舍，经10天左右达到高潮，随后呈零星发病。发病率与年龄的关系不大，但死亡率与年龄的关系甚为密切。2周龄内仔猪死亡率很高，日龄越小，死亡越快。5日龄内死亡率100%，10日龄为50%以上，5周龄以上的猪死亡率较低，较大的或成年猪发病几乎没有死亡。本病的发生有明显的季节性，全年均发生，以12月至翌年4月发病最多，夏季发病最少。本病流行中，病后康复猪带毒时间可长达8周，是发病猪场主要传染源。病猪或带毒猪通过粪便、呕吐物、乳汁和鼻分泌物及呼气排出病毒，污染饲料、饮水、空气、土壤以及车船、用具后，经消化道和呼吸道感染其他猪只。新疫区因引入带毒动物，导致全场暴发该病。

[**临床症状**]

①哺乳仔猪　先突然发生呕吐，接着发生剧烈水样腹泻。呕吐多发生于哺乳之后。下痢为乳白色或黄绿色，带有小块未消化的凝乳块，有恶臭。在发病末期，由于脱水，粪稍黏稠，体重迅速减轻，体温下降，常于发病后2～7天死亡。耐过的小猪生长较缓慢。出生后5日以内仔猪的病死率常为100%。

②肥育猪　发病率接近100%。突然发生水样腹泻，食欲不振，无力，下痢，粪便呈灰色或茶褐色，含有少量未消化的食物。在腹泻初期，偶有呕吐。病程约1周。在发病期间，增重明显减慢。

③成猪　感染后常不发病。部分表现轻度水样腹泻，或一时性的软便，对体重无明显影响。

④母猪　常与仔猪一起发病。有些哺乳中的母猪发病后，表现高度衰弱，体温升高，泌乳停止，呕吐，食欲不振，严重腹泻。妊娠母猪的症状往往不明显，或仅有轻微的症状。

［**病理变化**］ 尸体脱水明显，主要病变集中在胃和小肠。胃内充满凝乳块，胃底黏膜充血，有时有出血点，小肠肠壁变薄，肠内充满黄绿色或白色液体，含有气泡和凝乳块；肠系膜血管扩张充血，呈扇形，淋巴结肿大。

［**诊断要点**］ 根据流行病学、症状和病变进行综合判定可以做出诊断。如小肠壁变薄、半透明，肠管扩大，充满半液状或液状内容物。小肠黏膜绒毛萎缩。以这些特点可做出初步诊断，进一步确诊，必须进行实验室诊断。

［**防控技术**］

①*预防措施* 平时注意不从疫区或病猪场引进猪只，以免引入本病。搞好环境卫生，加强消毒。在疫区对妊娠母猪产前45天及15天，用猪传染性胃肠炎弱毒疫苗进行肌内注射和鼻内各接种1毫升，仔猪通过初乳可获得保护。未受到母源抗体保护的仔猪，在出生后进行口服接种，4～5天可产生免疫力。

②*治疗方法* 停食或减食，多给清洁水或易消化饲料，小猪进行补液、给口服补液盐等措施，有一定的良好作用。由于此病发病率很高，传播快，一旦发病，采取隔离、消毒措施效果不大。加之康复猪可产生免疫力，发病流行后即停止。在饮水内加入一些复方中药抗病毒药物，对防治本病有一定的作用。

67. 如何防控猪流行性腹泻？

［**流行特点**］ 本病仅发生于猪，各种年龄的猪都能感染发病。哺乳仔猪、架子猪或育肥猪的发病率很高，尤以哺乳仔猪受害最为严重，母猪发病率变动很大，为15%～90%。主要通过消化道感染。如果一个猪场陆续有不少窝仔猪出生或断奶，病毒会不断感染失去母源抗体的断奶仔猪，使本病呈地

方性流行，在这种猪场，猪流行性腹泻可造成5～8周龄仔猪的断奶期顽固性腹泻。本病多发生于寒冷季节，据我国调查，本病以12月至翌年1月发生最多。

［**临床症状**］　水样腹泻，或者在腹泻之间有呕吐。呕吐多发生于吃食和吃奶后。症状的轻重随年龄的大小而有差异，年龄越小，症状越重。1周龄内新生仔猪腹泻开始时排黄色黏稠粪便，以后变成水样并含有黄白色凝乳块，严重时排出的粪便几乎全部为水分。发生腹泻后3～4天，呈现严重脱水而死亡，死亡率可达50％，最高的死亡率达100％。病猪体温正常或稍高，精神沉郁，食欲减退或废绝。断奶猪、母猪常呈现精神委顿、厌食和持续腹泻（约1周），并逐渐恢复正常。少数猪恢复后生长发育不良。肥育猪在同圈饲养感染后都发生腹泻，1周后康复，死亡率1％～3％。成年猪症状较轻，有的仅表现呕吐，重者水样腹泻3～4天可自愈。

［**病理变化**］　眼观变化仅限于小肠，小肠扩张，内充满黄色液体，肠系膜充血，肠系膜淋巴结水肿。

［**诊断要点**］　本病在流行病学和临床症状方面与猪传染性胃肠炎无显著差别，只是病死率比猪传染性胃肠炎稍低，在猪群中传播的速度也较缓慢些。猪流行性腹泻发生于寒冷季节，各种年龄都可感染，年龄越小，发病率和病死率越高，病猪呕吐，水样腹泻和严重脱水，进一步确诊须依靠实验室诊断。

［**防控技术**］　本病应用抗生素治疗无效，可参考猪传染性胃肠炎的防制办法。我国已研制出猪流行性腹泻甲醛氢氧化铝灭活疫苗，保护率达85％，可用于预防本病。还研制出猪流行性腹泻、猪传染性胃肠炎二联灭活苗，这两种疫苗免疫妊娠母猪，乳猪通过初乳获得保护。在发病猪场断奶时免疫

接种仔猪可降低这两种病的发生。

68. 如何防控猪痢疾?

[**流行特点**] 病猪、临床康复猪和无症状的带菌猪是主要传染源,经粪便排菌,病原体污染环境和饲料、饮水后,经消化道传染。各种应激因素,如阴雨潮湿,猪舍积粪,气候多变,拥挤,饥饿,运输及饲料变更等,均可促进本病发生和流行。本病流行经过比较缓慢,持续时间较长,且可反复发病。本病往往先在一个猪舍开始发生几头,以后逐渐蔓延开来。在较大的猪群流行时,常常拖延达几个月,直到出售时仍有猪只发病。症状潜伏期 3 天至 2 个月以上。自然感染多为 1～2 周。在大面积流行时,断乳猪的发病率可高达 90%,经过合理治疗,病死率较低,一般为 5%～25%。

[**临床症状**] 主要的临床症状为轻重程度不等的腹泻。在污染的猪场,几乎每天都有新病例出现,病程长短不一,偶尔可见最急性病例,病程仅数小时,或无腹泻症状而突然死亡。大多数呈急性型,初期排出黄色至灰色的软便。病猪精神沉郁,食欲减退,体温升高(40.0℃～40.5℃),当持续下痢时,可见粪便中混有黏液、血液及纤维素碎片,粪便呈油脂样或胶冻状,呈棕色、红色或黑红色,病猪弓背吊腹,脱水,消瘦,最终虚弱而死亡;或转为慢性型,病程 1～2 周。慢性病猪表现时轻时重的黏液出血性下痢,粪呈黑色(称黑痢),病猪生长发育受阻,高度消瘦。部分康复猪经一定时间还可复发,病程在 2 周以上。

[**病理变化**] 主要病理变化在大肠,急性型病例病变典型,结肠和盲肠黏膜肿胀、充血、出血,皱褶明显,黏膜上覆盖黏液和带血的纤维素,肠壁淋巴滤泡增大,呈明显的灰白色颗

粒。肠内容物稀薄，其中混有黏液及血液而呈酱色或巧克力色。病程长的病例，肠壁水肿减轻，黏膜表层点状坏死，严重者形成黄色或灰色假膜，呈糠麸样，剥去假膜露出浅表糜烂面。肠内容物混有大量黏液和坏死组织碎片，肠系膜淋巴结肿胀，切面多汁。

[诊断要点] 根据本病具有特征性流行规律、临床症状及病理变化的特点可以做出初步诊断。一般取急性病例的猪粪便和肠黏膜制成涂片染色，在暗视野显微镜检查每视野见有3～5条蛇形螺旋体，可以作为确诊依据。

[防控技术]

①预防措施 禁止从疫区引进猪，必须引进时，应隔离检疫2个月。

②治疗措施 一旦发现病猪，立即应用药物进行治疗。痢菌净、杆菌肽、泰乐菌素等有一定的效果。

69. 如何防控猪轮状病毒感染?

[流行特点] 本病可感染各种年龄的猪，感染率最高达90%～100%、但在流行地区由于大多数成年猪都已感染而获得免疫。因此，发病猪多为2～8周龄的仔猪，病的严重程度与死亡率与猪的发病年龄有关，日龄越小的仔猪，发病率越高，发病率一般为50%～80%，病死率一般为1%～10%。病猪和带菌猪是本病的主要传染来源，但人和其他动物也可散播本病。轮状病毒主要存在于病猪及带毒猪的消化道，随粪便排到外界环境后，污染饲料、饮水、垫草及土壤等，经消化道途径使易感猪感染。

本病多发生于晚秋、冬季和早春，呈地方性流行。据报道，轮状病毒感染是断奶前后仔猪腹泻的重要原因。如与其他病原如致病性大肠杆菌及冠状病毒混合感染时，病的严重性明显增加。

[临床症状] 常发生于7～14日龄的哺乳仔猪或断奶后7天内的仔猪。病初出现精神不振，食欲不良，偶尔发生呕吐。腹泻是本病的主要症状。粪便呈黄白、黄绿色或暗黑，水样或糊样，严重者带有黏液和血液。腹泻3～4天后，部分病例出现严重脱水并死亡。断奶仔猪腹泻综合征危害严重，死亡率可达10%～50%。腹泻愈久，脱水愈明显。症状的轻重决定于发病日龄和环境条件，特别是环境温度下降和继发大肠杆菌病，常使症状严重和死亡率增高。

[病理变化] 病理变化主要限于小肠，是肠绒毛上皮细胞变性坏死与代偿性再生反应的综合结果。14日龄内的病猪病变最严重，胃内常充满凝乳块和乳汁。小肠的后1/2～2/3肠壁变薄，半透明，肠腔膨胀，含有大量水分、絮状物及黄色或灰白色的液体。有时小肠广泛出血，肠系膜淋巴结肿大。盲肠和结肠也含类似的内容物而显膨胀。21日龄或更大龄猪的病变不严重。

[防控技术]

①*预防措施* 预防主要依靠加强饲养管理，如搞好清洁卫生与消毒，遵循"全进全出"的管理模式，仔猪尽早吃初乳，不过早断乳。严格执行一般防疫措施，增强母猪和仔猪的抗病力。母猪免疫接种可以保护新生仔猪免受感染。目前，市场上有针对母猪和哺育猪免疫用的轮状病毒活毒苗和灭活苗供应。据报道能给仔猪提供有效的免疫保护。

②*治疗措施* 一旦发现病猪，立即隔离到清洁、消毒、干燥和温暖的猪舍中，加强护理，清除病猪粪便及其污染的垫草，消毒被污染的环境和器物。用葡萄糖盐水给病猪自由饮

用。停止喂乳，投服收敛止泻剂，使用抗生素和磺胺类等药物以防止继发性细菌感染。

70. 哪些因素可以引起仔猪腹泻？有何区别？

能引起仔猪腹泻的原因较多，有病毒性因素：传染性胃肠炎、流行性腹泻、轮状病毒、圆环病毒、猪瘟；细菌性因素：黄痢、白痢、红痢、副伤寒；营养性因素。

(1)猪传染性胃肠炎 主要表现为呕吐和腹泻，粪便呈黄色、绿色或白色，含有凝乳块(哺乳仔猪)，体温下降，迅速脱水和消瘦，病程 2～7 天。

(2)猪流行性腹泻 主要表现为水样腹泻、呕吐、脱水和新生仔猪大量死亡。猪流行性腹泻与猪传染性胃肠炎在病毒形态、临床症状、流行病学极其相似。

(3)猪轮状病毒感染 主要发生在哺乳期仔猪和断奶后的仔猪，开始厌食、精神迟钝、继而下痢，排黄白色或灰暗色水样或糊状稀粪，味较腥臭，可持续 2～4 天。消瘦、脱水。主要发生于寒冷季节。

(4)猪圆环病毒感染 主要表现为进行性消瘦，被毛粗糙，皮肤苍白，嗜睡，呼吸加快或呼吸困难。体表淋巴结，特别是腹股沟淋巴结肿大，部分猪出现腹泻，排灰色粪便。可视黏膜黄疸，咳嗽。

(5)猪瘟 主要表现为出现波浪热，虚弱无力，贫血消瘦，便秘和腹泻交替，皮肤有出血斑或坏死痂。

(6)仔猪黄痢 主要发生于1周龄内仔猪，以 1～3 日龄最为常见，发病率(90%)和死亡率(50%)均很高。以排黄色或黄白色水样粪便和迅速死亡为特征。病仔猪精神委顿，粪便呈黄色浆状，腥臭，内含凝乳小片，肛门松弛，排粪失禁，粪便顺肛门流下，肛门和阴门呈红色。

(7)仔猪白痢 主要发生于10～30日龄仔猪。发病率高，死亡率低，多发于寒冬、炎热季节，以排灰白色浆状、糊状腥臭味稀粪为特征。排出白色、灰白色至黄白色粥样稀粪或糊样稀粪，有腥臭味。

(8)仔猪红痢 以排出红色稀粪为特征，病程短，死亡率高。发病急剧，排出浅红或红褐色稀粪，以后内含灰色坏死组织碎片，粪便变成类似“米粥”状。绝大多数于当天或5天内死亡，死亡率高。

(9)仔猪副伤寒 主要发生于1～2月龄仔猪，多发于寒冷、气温多变、阴雨连绵季节。表现为肠炎、消瘦和顽固性下痢，粪便恶臭，有时带血。

(10)营养性腹泻 由于饲料或奶水中蛋白质含量过高，或者换料突然，引起消化不良。粪便中可见未消化的饲料块或凝乳块。

71. 如何防控副猪嗜血杆菌病?

[流行特点] 2～17周龄的猪均易感，其中以5～10周龄最多见。发病率一般为40%～50%，病死率可达50%以上，成年多呈隐形感染或仅见轻微的症状。主要的传播途径是呼吸道和消化道，即病菌通过飞沫随呼吸运动而进入健康的仔猪体内，或通过污染饲料和饮水而经消化道侵入体内，在机体抗病力降低的情况下，繁殖、产毒和致病。据研究，本病的发生常与长途运输、疲劳和其他应激因素等诱因有关。

[临床症状] 急性病例一般表现为咳嗽，呼吸困难，消瘦，跛行，被毛粗乱。早期体温41℃～42℃，食欲下降，呼吸

困难，关节肿大，跛行和行走不协调，皮肤发绀，常发病后2～3天死亡。多数病呈亚急性或慢性经过。患畜精神沉郁，食欲不振，中度发热(39.6℃～40℃)，呼吸浅表，病猪常呈犬卧样姿势喘息，四肢末端及耳尖多发蓝紫。耐过猪被毛粗乱，咳嗽、喘气，生长发育缓慢，四肢关节肿大，跛行，颤抖、共济失调，可视黏膜发绀。

[病理变化] 在单个或多个浆膜面，包括胸膜、腹膜、心包膜、脑膜和关节滑膜。出现浆液性、化脓性纤维蛋白渗出。严重时发生心包粘连。胸腔中渗出液中的纤维蛋白常在胸膜表面和心外膜上析出，形成一层纤维素性假膜，继而发生粘连。肺脏淤血、水肿，表面常被覆薄层纤维蛋白膜，并常与胸壁发生粘连。关节炎表现为关节周围组织发炎和水肿，关节囊肿大，关节液增多、浑浊，内含呈黄绿色的纤维素性化脓性渗出物。

[诊断要点] 根据症状和病理变化做初步诊断，确诊需要进行实验室检查。因该病在临床表现为高温稽留或反复高热，皮肤充血出血、发紫、发绀现象，与非典型猪瘟、猪肺疫、猪败血性链球菌病、猪附红细胞体病等相类似，必须加以区别。

①猪瘟 病猪出现极度呼吸困难现象较少。猪瘟的特征性病理变化，如淋巴结切面的大理石样花纹变化，大肠的扣状溃疡坏死灶，脾脏边缘的出血性梗死，肾不肿胀且有苍白背景上稀疏的小点状出血等均可与该病相区别。

②猪肺疫 病猪常见喉头肿胀，发热、发硬，流脓性鼻液，肺切面呈大理石样花纹，有暗红色或灰黄红色的肝变区。病灶触片镜检可见到两极浓染的巴氏杆菌，在血琼脂上不发生溶血现象等均可与该病相区别。

③猪败血性链球菌病 在皮肤出血、后肢关节肿胀方面

与副猪嗜血杆菌病有相似之处，但可见到体表淋巴结肿胀、眼结膜潮红及运动失调等神经症状，并且一般在腹腔和胸腔没有纤维素性析出造成的假膜，链球菌病病料触片可检出革兰氏阳性的双球菌或短链状球菌。

④猪附红细胞体病　可见到皮肤、黏膜苍白，黄疸，血液稀薄、凝固不全等变化。病原学检查，血涂片染色镜检可见到附着在红细胞周围呈圆环状的猪附红细胞体，容易与嗜血杆菌相区别。

[防控技术]

①预防措施　加强饲养管理，保持清洁卫生，通风良好，防寒防暑，尽量减少其他呼吸道病原的入侵，杜绝不同生产期的猪混养于一栏，减少生猪的流动，提高猪的抗病力。目前市场上已经有副猪嗜血杆菌多价油乳剂灭活苗，可以将其给母猪接种，通过初乳可使仔猪获得保护力，仔猪 4 周龄时，再接种同样疫苗，使其产生免疫力。

②治疗措施　副猪嗜血杆菌对头孢菌素类、四环素类、氨苄西林、喹诺酮类、氟苯尼考、泰妙菌素及增效磺胺等药物敏感。可用上述一种或联合用药，预防可以通过口服给药，治疗时可以进行肌内注射或静脉注射。

72. 如何防控猪气喘病?

[流行特点]　病猪和带菌猪是本病的传染源。病猪与健康猪直接接触，通过病猪咳嗽、气喘和喷嚏将含病原体的分泌物喷射出来，形成飞沫，经呼吸道而感染。很多地区和猪场由于从外地引进猪只时，未经严格检疫购入带菌猪，引起本病的暴发。哺乳仔猪从患病的母猪受到感染。有的猪场连续不断发病是由于病猪在临床症状消失后，在相当长时间内不断

排菌感染健康猪。本病一旦传入后，如不采取严密措施，很难彻底扑灭。

本病冬春寒冷季节多见，四季均可发生。猪舍通风不良、猪群拥挤、气候突变、阴湿寒冷、饲养管理和卫生条件不良可促进本病发生，加重病情，如有继发感染，则病情更重。常见的继发性病原体有巴氏杆菌、肺炎球菌等。猪场首次发生本病常呈暴发性流行，多取急性经过，症状重，病死率高。在老疫区猪场多为慢性或隐性经过，症状不明显，病死率低。

[临床症状]　急性型主要见于新疫区和新感染的猪群，仔猪、妊娠母猪及哺乳母猪较为多见，病初精神不振，头下垂，病猪呼吸困难，严重者张口喘气，发出哮鸣声，有明显腹式呼吸。咳嗽低沉，呈犬坐姿势，有时呈痉挛性阵咳，体温一般正常，如有继发感染则可升到40℃以上。病程一般为1～2周，病死率也较高。

慢性型常见于老疫区的架子猪、育肥猪和后备母猪。以咳嗽和气喘为主，以早晚、运动之后及饲喂之后咳嗽最多，咳嗽时站立不动，背拱，颈伸直，头下垂，用力咳嗽多次，严重时呈连续的痉挛性咳嗽。随病情发展，呼吸出现困难，腹式呼吸明显，有时呈犬坐姿势，张口喘气。食欲变化不大，病势严重时减少或完全不食。病期较长的小猪，身体消瘦而衰弱，生长发育停滞。病程长，可拖延2～3个月，甚至长达半年以上。

[病理变化]　常见于肺、肺门淋巴结和纵隔淋巴结。急性死亡见肺有不同程度的水肿和气肿。在心叶、尖叶、中间叶及部分病例的膈叶出现融合性支气管肺炎，以心叶最为显著，尖叶和中间叶次之，然后波及到膈叶。病变部的颜色多为淡红色或灰红色，半透明状，病变部界限明显，像鲜嫩的肌肉样，俗称肉变。随着病程延长或病情加重，病变部颜色转为浅红

色、灰白色或灰红色，半透明状态的程度减轻，俗称胰变或虾肉样变。

［诊断要点］ 根据症状和病理变化做初步诊断，确诊需要进行实验室检查。同时要与有呼吸道症状的猪肺疫、传染性胸膜肺炎、副猪嗜血杆菌病等进行鉴别诊断。

①猪肺疫　急性猪肺疫呈败血症与纤维性胸膜肺炎症状，全身症状较重，病程较短，剖检时见败血症与纤维素性的胸膜肺炎变化。慢性病例体温不定，咳嗽重而气喘轻，高度消瘦，剖检时在肝变区可见到大小不一的化脓灶或坏死灶。而气喘病的体温与食欲无大变化，肺有肉样或胰样变区，无败血症与胸膜炎症状。

②传染性胸膜肺炎　主要病变部位在胸腔，胸腔纤维素性渗出增多，胸腔脏器广泛粘连，胸壁与肺脏粘连，心包粘连，心脏与肺脏粘连等。

③副猪嗜血杆菌病　早期胸腔和腹腔有积液，后期胸腔与腹腔出现纤维素性渗出。并且经常会出现后肢关节肿胀，剖开后有黄色液体或者渗出物。该病治疗过程缓慢，多种抗菌药对其效果不理想。

［防控技术］

①预防措施

a. 加强饲养管理　建场初引入单一来源的无气喘病的后备猪群，并采取严格措施，防止与其他猪群直接或间接接触；采取自繁、自养、自育和全进全出；保持室内空气新鲜，加强通风，减少尘埃，人工清除干粪可降低猪舍氨浓度；尽量减少迁移，降低混群应激；避免饲料突然更换，饲料要求营养全面、新鲜；建立每天定期消毒及猪舍腾空消毒净化制度，冬天产房和保育舍以双氧水、过氧乙酸消毒。

b. 疫苗接种　给种猪和新生仔猪右侧肺内注射接种猪气喘病弱毒冻干疫苗，每年 8～10 月份给种猪和后备猪注射猪气喘病弱毒菌苗 1 次。仔猪一般 7～15 日龄首免，60～80 日龄二免。气喘病感染严重的猪场，可对吮乳仔猪应用 1～5 日龄首免、10～20 日龄加强免疫的早期免疫程序，同时对猪舍严格监视和隔离发病猪，并定期进行带猪消毒和转群消毒。灭活疫苗一般仔猪 7～12 日龄首免，14 天后再二免。弱毒苗、灭活苗免疫力有限，免疫时控制同圈感染至关重要。

c. 药物预防　阳性场病愈母猪（可能隐性带菌者）临产前一个月在饲料中添加 0.1%土霉素碱饲喂 2 周，也可连续口服泰乐霉素，20 毫克/千克体重，连喂 5～7 天，或三甲氧苄二胺嘧啶，20 毫克/千克体重，连喂 7 天。密集药物治疗也可获得无气喘病母猪，以防垂直传播。

②治疗措施　林可霉素，轻病群每吨饲料加入 200 克，连续喂 3 周。注射可按 50 毫克/千克体重，5 天为一个疗程。盐酸土霉素，按 1 000 克/吨饲料添加，连用 5～7 天，一般不要超过 7 天，否则易产生抗药性。泰乐菌素，饲料添加预防用量，1～3 周龄仔猪 100 毫克/千克体重，4～6 周龄生长猪 40 毫克/千克体重。

73. 如何防控猪传染性胸膜肺炎？

[流行特点]　不同年龄的猪均有易感性，以 6～10 周龄猪最易感。病猪和带菌猪是本病的传染源。胸膜肺炎放线杆菌主要存在于呼吸道黏膜，通过空气飞沫传播，在大群集约化饲养的条件下最易接触感染，猪群之间的传播主要是因引入带菌猪或慢性病猪。初次发病猪群的发病率和病死率均较高，经过一段时间，逐渐趋向缓和，发病率和病死率显著降低，

但隔一段时间后又可能暴发流行。一般多发生于冬春寒冷季节，且与饲养密度、卫生管理、温度和湿度控制不当、猪群受到应激等因素密切相关。

[临床症状] 急性病猪发病初期体温升高至 41.5 ℃以上，精神沉郁，不食，继而呼吸困难，张口伸舌，常站立或呈犬坐姿势，口鼻流出大量带血色的泡沫样分泌物，耳、鼻及四肢皮肤呈蓝紫色，如不及时治疗，常于 1～2 天内窒息死亡。若开始症状较缓和，能度过 4 天以上，则可逐渐康复或转为慢性。此时病猪体温不高，发生间歇性咳嗽，生长迟缓。很多猪开始即呈慢性经过，症状轻微。

[病理变化] 主要病变为肺炎和胸膜炎。大多数病例，胸膜表面有广泛性纤维素沉积，胸腔液呈血色，肺广泛性充血、出血、水肿和肝变。气管和支气管内有大量的血色液体和纤维素凝块。病程较长的病例，见肺有坏死灶或脓肿，胸膜粘连。

[防控技术]

①*预防措施* 对无病猪场应防止引进带菌猪，在引进前应用血清学试验进行检疫。对感染猪场逐头猪进行血清学检查，清除血清学阳性带菌猪，并结合药物防治的方法来控制本病。由于胸膜肺炎的血清型众多，用疫苗免疫效果不理想。预防应首先加强饲养管理，尽可能减少各种应激因素，采用自繁自养，选择高效、广谱、无毒的消毒剂，每周至少常规带猪消毒 1～2 次，以减少环境中病原体的数量。

②*治疗措施* 早期用抗生素治疗有效，可减少死亡。青霉素、氨苄青霉素、四环素、磺胺类药物都敏感，一般肌内或皮下注射，需大剂量并重复给药。受威胁的未发病猪可在饲料中添加土霉素(600 克/吨)，作预防性给药。

74. 如何防控猪肺疫?

[**流行特点**] 由多杀性巴氏杆菌引起,其能感染多种动物,猪是其中一种,各种年龄的猪都可感染发病。一般认为本菌是一种条件性病原菌,当猪处在不良的外界环境中,如寒冷、闷热、气候剧变、潮湿、拥挤、通风不良、营养缺乏、疲劳、长途运输等,致使猪的抵抗力下降,这时病原菌大量增殖并引起发病。另外,病猪经分泌物、排泄物等排菌,污染饮水、饲料、用具及外界环境,经消化道而传染给健康猪,也是重要的传染途径。也可由咳嗽、喷嚏排出病原,通过飞沫经呼吸道传染。此外,吸血昆虫叮咬皮肤及黏膜伤口都可传染。本病一般无明显的季节性,但以冷热交替、气候多变、高温季节多发,一般呈散发性或地方性流行。

[**临床症状**] 根据病程长短和临床表现分为最急性、急性和慢性型。

①最急性型 未出现任何症状,突然发病,迅速死亡。病程稍长者表现体温升高到 41℃～42℃,食欲废绝,呼吸困难,心跳急速,可视黏膜发绀,皮肤出现紫红斑。咽喉部和颈部发热、红肿、坚硬,严重者延至耳根、胸前。病猪呼吸极度困难,常呈犬坐姿势,伸长头颈,有时可发出喘鸣声,口鼻流出白色泡沫,有时带有血色。一旦出现严重的呼吸困难,病情往往迅速恶化,很快死亡。死亡率常高达 100%,自然康复者少见。

②急性型 本型最常见。体温升高至 40℃～41℃,初期为痉挛性干咳,呼吸困难,口鼻流出白沫,有时混有血液,后变为湿咳。随病程发展,呼吸更加困难,常呈犬坐姿势,胸部触诊有痛感。精神不振,食欲不振或废绝,皮肤出现红斑,后期衰弱无力,卧地不起,多因窒息死亡。病程 5～8 天,不死者转

为慢性。

③慢性型　主要表现为肺炎和慢性胃肠炎。时有持续性咳嗽和呼吸困难，有少许黏液性或脓性鼻液。关节肿胀，常有腹泻，食欲不振，营养不良，有痂样湿疹，发育停止，极度消瘦，病程 2 周以上，多数发生死亡。

[病理变化]　主要以广泛性出血为特征。

①最急性型　全身黏膜、浆膜和皮下组织有出血点，尤以喉头及其周围组织的出血性水肿为特征。切开颈部皮肤，有大量胶冻样淡黄或灰青色纤维素性浆液。全身淋巴结肿胀、出血。心外膜及心包膜上有出血点。肺急性水肿。脾有出血但不肿大。皮肤有出血斑。胃肠黏膜出血性炎症。

②急性型　除具有最急性型的病变外，其特征性的病变是纤维素性肺炎。主要表现为气管、支气管内有多量泡沫黏液。肺有不同程度肝变区，伴有气肿和水肿。病程长的肺肝变区内常有坏死灶，肺小叶间浆液性浸润，肺切面呈大理石样外观，胸膜有纤维素性附着物，胸膜与病肺粘连。胸腔及心包积液。

③慢性型　尸体极度消瘦、贫血。肺脏有肝变区，并有黄色或灰色坏死灶，外面有结缔组织，内含干酪样物质；有的形成空洞，与支气管相通。心包与胸腔积液，胸腔有纤维素性沉着，肋膜肥厚，常常与病肺粘连。有时在肋间肌、支气管周围淋巴结、纵隔淋巴结及扁桃体、关节和皮下组织见有坏死灶。

[诊断要点]　根据其呼吸道症状、皮肤出血等可做出初步诊断。猪肺疫可以引起呼吸道症状和皮肤出血，很多疾病在这两症状上都与其相似，要做好鉴别诊断。主要做好猪繁殖与呼吸综合征、传染性胸膜肺炎、副猪嗜血杆菌病和仔猪副伤寒的鉴别诊断。

①猪繁殖与呼吸综合征　猪繁殖与呼吸综合征在猪场发生时,不但仔猪发病,而且母猪也发生繁殖障碍,仔猪表现为呼吸道症状和皮肤的出血,在耳部出血比较明显。而猪肺疫发生时猪一般可呈现犬坐姿势,母猪不表现繁殖障碍。

②猪传染性胸膜肺炎　猪传染性胸膜肺炎与猪肺疫在呼吸症状和体表出血方面极为相似,但发病过程一般比猪肺疫慢,一般表现出症状,脏器病变比较严重,表现呼吸道症状时,剖检即可发现胸腔的广泛粘连。而猪肺疫主要病变特点为出血,后期胸腔才表现一定程度的粘连。

③副猪嗜血杆菌病　副猪嗜血杆菌病除了呼吸道症状和体表出血外,后肢关节常表现为肿胀,后肢瘫痪或跛行。剖检时胸腔和腹腔积液或者有纤维素性渗出物。

④仔猪副伤寒　该病与猪肺疫相比,除了表现出呼吸道症状和体表出血外,还可以表现出明显的腹泻症状。剖检时可以发现纤维素性坏死性肠炎。在盲肠、结肠、回肠末段、黏膜上,附有单个或弥漫性的灰黄色或黄褐色、不易剥离的糠麸样痂状物。肠系膜淋巴结呈索状肿大,切面灰白色或干酪样坏死。

[防控技术]

①预防措施　消除降低猪体抵抗力的一切不良因素,加强饲养管理,做好兽医防疫卫生工作。每年春秋两季定期进行预防注射,以增强猪体的特异性抵抗力。我国目前使用两类菌苗,一为猪肺疫氢氧化铝菌苗,断奶后的猪,不论大小一律皮下或肌内注射 5 毫升。注射后 14 天产生免疫力,免疫期 6 个月。二为猪、牛多杀性巴氏杆菌病灭活疫苗,猪皮下或肌内注射 2 毫升,注后 14 天产生免疫力,免疫期 6 个月。

②治疗措施　发病时立即隔离病猪,及时治疗,同时做好

消毒和护理工作。治疗可用庆大霉素，1～2 毫克/千克体重；四环素，7～15 毫克/千克体重，每日 2 次，连用 3～5 天。抗猪肺疫血清（抗出血性败血症多价血清）在疾病早期应用有较好的效果。2 月龄内仔猪 20～40 毫升，2～5 月龄猪 40～60 毫升，5～10 月龄猪 60～80 毫升，均为皮下注射。本血清为牛或马源，注射后可能发生过敏反应，应注意观察。

75. 如何防控猪流行性感冒？

[流行特点] 该病是一种高度接触性传染病，传播极为迅速。不同年龄、性别和品种的猪对猪流感病毒均有易感性。康复猪和隐性感染猪，可长时间带毒，是猪流感病毒的重要宿主，是发生猪流感的传染源，猪流感呈流行性发生。在常发生本病的猪场可呈散发性。大多发生在天气骤变的晚秋和早春以及寒冷的冬季。一般发病率高，病死率却很低。寒冷、潮湿、拥挤、贼风侵袭、营养不良和内外寄生虫侵袭等因素，均可降低猪体抵抗力，促使本病发生和流行。如继发巴氏杆菌、肺炎链球菌等感染，则使病情加重。

[临床症状] 多是体温突然升高到 40℃～41.5℃，精神不振，被毛蓬乱而无光泽，食欲减退，结膜潮红，呈树枝状充血，咳嗽，腹式呼吸，呼吸困难，鼻镜干燥，嘴、眼、鼻流黏液性分泌物，粪便干硬。随病情发展，病猪精神高度沉郁，蜷腹吊腰，低头呆立，喜横卧圈内。一般情况下整个猪群迅速被全部感染，病猪多聚在一起，集堆伏卧，呼吸急促，咳嗽之声接连不断。病程一般为 5～7 天，如无其他疾病并发，多数病例常突然恢复健康；如有继发感染，病情加重，可导致死亡。

[病理变化] 剖检可见鼻、喉、咽和支气管黏膜充血肿胀，并含有大量黏液。肺坚硬，呈深紫红色，且与周围界限分

明，切面如鲜肉状。颈部和纵隔淋巴结充血、水肿。脾轻度肿大。

[**防控技术**]

①*预防措施* 目前尚无预防本病的有效疫苗。平时应注意饲养管理和卫生防疫工作。在阴雨潮湿、秋冬气温发生骤然变冷时，应特别注意猪群的饲养管理，注意猪舍保温，保持猪舍清洁、干燥，避免受凉和过分拥挤。一旦发现本病，立即隔离和治疗病猪，并加强猪群饲养管理，补给富有维生素的饲料，对病猪用过的猪舍、食槽等应进行消毒，用10%～20%新鲜石灰乳或2%～5%漂白粉等消毒药消毒被污染的圈舍、用具和食槽等。同时，要保证猪圈内空气流通、干燥、清洁卫生。给猪清洁饲料，增强抵抗力。

②*治疗措施* 无特异治疗药物，一般可以使用复方中药抗病毒制剂进行治疗，同时使用抗生素及磺胺类药物控制并发症，也可采用对症疗法。

76. 如何防控猪传染性萎缩性鼻炎？

[**流行特点**] 该病在猪群中有很高的感染率，除临床上明显可见的萎缩性鼻炎外，多数为亚临床或无症状感染。主要是通过感染猪的口、鼻飞沫或气溶胶，也可通过呼吸道分泌物、污染的媒介物接触传播。任何年龄的猪均可发生，幼猪最易感，多见于6～8周龄，发病率随着年龄增长而下降。1周内乳猪感染后，可引发原发性肺炎，全窝死亡。多数断奶前感染，引发鼻炎并鼻甲骨萎缩；若断奶后感染，鼻炎消退后无症状而成为带菌猪。本病在猪群内传播比较缓慢，多为散发或地方性流行。

[**临床症状**] 主要表现为鼻炎，出现喷嚏、流涕和剧烈咳

嗽，呼吸困难，体温不高，不吃乳，极度消瘦，常全窝死亡。病猪常因鼻炎刺激鼻黏膜而表现不安，如摇头、拱地、搔抓或摩擦鼻部。从 7 日龄开始，症状随日龄增长而逐渐加重，到42～56 日龄时最明显。少数猪数周后可以自愈，但大多数猪表现为症状加重，鼻甲骨有萎缩变化，仍打喷嚏，流浆液性、脓性鼻液，气喘，吸气时鼻孔开张，发出鼾声。严重时开口呼吸，因用力喷嚏致鼻黏膜破坏而流鼻血。同时出现眼结膜炎，眼结膜发红流泪。由于鼻泪管阻塞而由眼泪和灰尘在内眦部形成半月状条纹的泪斑。经过 2～3 个月，鼻甲骨萎缩变明显，面部变形。鼻端上翘或歪向病损严重的一侧，两侧鼻孔大小不一，故称“歪鼻子”。病猪生长停滞，难以育肥，有的成为僵猪。若两侧鼻腔的病理损害大致相等，则鼻腔变短小，鼻端向上翘起，鼻背部皮肤粗厚，有较深的皱褶，下颌伸长，上下门齿错开，不能正常咬合，俗称“地包天”。如无继发感染，大多生长缓慢甚至停滞；如有继发感染，多引发肺炎或脑膜炎而引起死亡。

[病理变化] 病变主要限于鼻腔和邻近组织，最有特征的变化是鼻腔的软骨和骨组织软化和萎缩，尤以鼻甲骨萎缩，特别是鼻甲骨的下卷曲萎缩最为明显，使鼻腔变成一个鼻道，鼻中隔弯曲，严重者鼻甲骨甚至消失。病变轻时，鼻黏膜仅有少量浆液性渗出物，继之有大量黏液性分泌物并混有大量脱落的黏膜上皮。窦黏膜常中度充血，有时窦内充满黏液性分泌物。

[防控技术]

①预防措施　主要有三项：

一是加强饲养管理。

二是积极预防接种。目前，预防猪传染性萎缩性鼻炎的疫苗主要有2种，即支气管败血波氏杆菌（Ⅰ相菌）油剂灭活苗和支气管败血波氏杆菌-多杀性巴氏杆菌油剂二联灭活苗。

三是药物预防：有本病史的猪场，母猪分娩前2～3周每吨饲料内加磺胺二甲基嘧啶100～125克，饲喂母猪；也可按每头每天喂上述药0.5克，可预防本窝仔猪发生本病。在预产期的前3天、分娩当天和分娩后1周、2周、3周，分别用硫酸卡那霉素溶液鼻腔喷雾（每头猪用药960毫升），之后再用氯化异氰尿酸钾对母猪进行彻底的消毒。

②*治疗措施* 原则是早治，7日龄以后的仔猪一旦出现不断打喷嚏和鼻子发痒的症状就要开始治疗，否则治疗效果不明显。

a. 肌内注射 30%安乃近或复方新诺明注射液，乳猪每次2～3毫升，断奶仔猪每次4～5毫升肌注，青霉素、链霉素，每千克体重各1万单位，肌注，12小时1次，连注3～4天。或10%磺胺嘧啶5～10毫升，加蒸馏水3～5毫升，肌注。或2.5%恩诺沙星每10千克体重1毫升，肌注，每天1次，连用5天。

b. 滴鼻 鼻黏膜肿胀影响呼吸时，可用5%麻黄素5毫升加青霉素80万单位（先用水稀释）混合，或0.1%肾上腺素向鼻孔喷入，每次1～2毫升，1日数次。或用链霉素溶液（100万链霉素加注射用水25毫升溶解）滴鼻或冲洗鼻腔。

c. 混饲 每吨饲料中混入土霉素400克，或磺胺二甲嘧啶100克，饲喂2～3周。

77. 如何防控猪瘟?

[流行特点] 感染猪在发病前即可从口、鼻及泪腺分泌物、尿和粪中排毒，并延续整个病程。康复猪在出现特异抗体

后停止排毒。因此，强毒株感染在 10～20 天内大量排出病毒，而低毒株感染后排毒期短。强毒在猪群中传播快，造成的发病率高。慢性的感染猪不断排毒或间歇排毒。

本病一年四季均可发生，一般以春、秋较为严重。急性暴发时，先是几头猪发病，往往突然死亡。继而病猪数量不断增多，多数猪呈急性经过和死亡，3 周后逐渐趋向低潮，病猪多呈亚急性或慢性，如无继发感染，少数慢性病猪在 1 个月左右恢复或死亡，流行终止。

［**临床症状**］ 潜伏期 5～7 天，长的达 21 天。急性型可以表现出：体温升高至 40℃～42℃，高热稽留；结膜炎，眼有分泌物；粪便初干燥后腹泻；皮肤出血，背腹皮下出血严重；可以呈现非化脓性脑炎，小猪感染后期运动失调；公猪阴鞘积液，灰白色，腥臭。慢性型猪瘟多由急性猪瘟转化来的，症状不明显。

［**病理变化**］ 脏器广泛性出血：淋巴结紫红色，肿胀，切开周边出血，呈大理石样；脾脏呈楔形，暗红色，边缘梗死，不肿大；肾脏出血（土黄色）；膀胱出血；喉头出血，气管出血，扁桃体出血或坏死；心冠脂肪出血，心肌内外膜出血；胃底黏膜出血。慢性型：主要在肠管、盲肠形成扣状肿（固膜性的，钝性不易剥离），肋骨有骨骺线。

［**诊断要点**］ 近年来猪瘟流行发生了变化，出现非典型猪瘟、温和型猪瘟，呈散发性流行。发病特点为临床症状轻或不明显，死亡率低，病理变化特征不明显，必须依赖实验室诊断才能确诊。发生猪瘟时，常出现高热并伴有皮肤红斑或可视黏膜出血，临床上应注意与猪丹毒、猪肺疫、猪副伤寒、猪链球菌病、弓形虫病等疾病加以鉴别。

①*猪丹毒* 传染较慢，发病率不高，病猪天然孔内无显著

炎症。粪便一般正常，病程约为数天，有的突然或短时间内死亡。剖检脾肿胀，肾淤血肿大，俗称“大红肾”，淋巴结切面不呈大理石斑纹，大肠黏膜无显著变化，与猪瘟不同。

②猪肺疫　零星发生，咽喉部急性肿胀，有严重肺炎症状，呼吸困难，口、鼻流出白沫，而猪瘟则无。

③副伤寒　常发生于1～4月龄小猪，剖检脾肿大，大肠壁增厚，黏膜显著发炎，表面粗糙，有大小不一、边缘不齐的坏死灶，可与猪瘟区别。

④猪链球菌病　常发生多发性关节炎，运动障碍，鼻黏膜充血、出血，喉头、气管充血，有多量泡沫，脾肿胀，脑和脑膜充血、出血，与猪瘟不同。

⑤猪弓形虫病　主要发生于架子猪，流行于夏秋炎热季节。剖检脾肿大，肝有散在出血点和坏死点，淋巴结肿大，有出血点和坏死点，脑实质充血、水肿、变性、坏死。可与猪瘟区别。

［防控技术］

①预防措施

a. 彻底消毒　病猪圈、垫草、粪水、吃剩的饲料和用具均应彻底消毒。在猪瘟流行期间，对饲养用具应每隔2～3天消毒1次，碱性消毒药均有良好的消毒效果。

b. 免疫接种　严格执行疫苗的科学免疫接种程序。一般小猪可用1～2头份，大猪可用2～4头份，在疫区发病严重猪场，20日龄仔猪可用2～4头份，随后可根据需要执行定期检疫淘汰带毒猪的净化措施，免疫的时间根据其自身抗体水平确定。

②治疗措施

a. 药物治疗　将发病猪隔离或淘汰后，对同群健康的猪使用黄芪多糖注射液，经肌内注射进行初步治疗，同时考虑口服抗生素预防或治疗继发感染，同时做好消毒工作。

b. 紧急免疫接种　将发病猪隔离或淘汰后，对同群健康的猪可以使用猪瘟弱毒疫苗 3～5 头份紧急接种，让未感染猪只快速获得抗病免疫力，免遭感染，该方案往往会造成猪群短期内发病率和死亡率短暂升高，但是从整个病程看，可以缩短病程，减少损失。

78. 如何防控猪链球菌病？

［流行特点］　该病一年四季均可发生，但在夏、秋、炎热、潮湿季节多发，一般呈散发和地方性流行，偶有暴发。

在规模化猪场，猪链球菌病已成为一种常见病和多发病，经常成为一些病毒性疾病如猪瘟、猪繁殖与呼吸综合征、猪圆环病毒 2 型感染等的继发病。而且，常与一些疾病如附红细胞体病、巴氏杆菌病、副猪嗜血杆菌病、传染性胸膜肺炎等混合感染。一些诱因如气候的变化、营养不良、卫生条件差、多雨和潮湿、长途运输等均可促进本病的发生。败血型的发病率一般为 30%左右，死亡率可达 80%。

［临床症状］　猪链球菌病可表现为败血型、脑膜炎型、关节炎型和淋巴结脓肿型等。

①败血型　最急性病例主要见于流行初期，发病急，病程短，往往不见任何异常症状就突然死亡。发病猪突然减食或停食，精神委顿，体温升高到 41℃～42℃，呼吸困难，便秘，结膜发绀，卧地不起，口、鼻流出淡红色泡沫样液体，多在 6～24 小时内死亡。

急性病例的病猪表现为精神沉郁，体温升高达 43℃，出现稽留热，食欲不振，眼结膜潮红，流泪，鼻腔中流出浆液性或脓性分泌物，呼吸急促，间有咳嗽，颈部、耳廓、腹下及四肢下端皮肤呈紫红色，有出血点，出现跛行，病程稍长，多在1～3天内死亡。

②脑膜炎型　多发生于哺乳仔猪和断奶仔猪，主要表现为神经症状，如运动失调，盲目走动，转圈，空嚼，磨牙，仰卧，后躯麻痹，侧卧于地、四肢划动，似游泳状。病程短的几小时，长的1～5天，致死率极高。

③关节炎型　大多数病例是由败血型和脑膜炎型转变而来的。病猪多表现为一肢或几肢关节肿胀，疼痛，跛行，不能站立，病程2～3周。

④淋巴结脓肿型　该型是由猪链球菌经口、鼻及皮肤损伤感染而引起。多见于断奶仔猪和生长育肥猪。主要表现为在颌下、咽部、颈部等处的淋巴结化脓和形成脓肿。病程3～5周。

[病理变化]

①败血型　最急性型病例在口鼻流出红色泡沫液体，气管、支气管充血，内充满泡沫液体。急性病例表现为耳、胸、腹下部和四肢内侧皮肤有一定数量的出血点，皮下组织广泛出血。病死猪全身淋巴结肿胀、出血。心包内积有淡黄色液体，心内膜出血。脾、肾肿大、出血。胃和小肠黏膜充血、出血。关节腔和浆膜腔有纤维素性渗出物。

②脑膜炎型　表现脑膜充血、出血、溢血，个别病例出现脑膜下积液，脑组织切面有点状出血。

③关节炎型　关节腔内有黄色胶冻样、纤维素性以及脓性渗出物，淋巴结脓肿。

[诊断要点]　根据体表出血、神经症状、关节肿胀和脏器广泛性出血可以做出初步诊断。确诊必须依靠实验室检

测。猪链球菌病在引起体表出血方面要与仔猪副伤寒、猪繁殖与呼吸障碍综合征、猪瘟、猪肺疫、附红细胞体病等病相鉴别诊断，在引起神经症状方面要与水肿病和副猪嗜血杆菌病相鉴别诊断。

①仔猪副伤寒　仔猪副伤寒多发生于断奶后不久的仔猪，病猪多排淡黄色带恶臭的稀粪（有时呈水样），病程长，有脓性眼屎，公猪包皮积尿，先便秘后腹泻（或交替进行）等方面也容易识别。

②猪繁殖与呼吸综合征　猪繁殖与呼吸障碍综合征除了引起仔猪的呼吸困难和体表出血外，对母猪的主要损害是引起繁殖障碍，而链球菌很少引起母猪繁殖障碍。

③猪瘟　与猪链球菌病在体温升高、体表出血等症状上有相似性。但猪瘟剖检时有脾脏的边缘梗死，这点是特征性的病理变化。

④猪肺疫　猪肺疫有典型的呼吸道症状，而猪链球菌病呼吸道症状一般不严重。剖检时急性的猪肺疫颈部肿胀，但患有猪链球菌病的病猪后肢肿胀。

⑤猪附红细胞体病　又称红皮病，皮肤呈现弥漫性出血，结膜苍白或者黄染，尿液呈现咖啡色。剖检时可见血液稀薄、凝固不良。

⑥水肿病　与链球菌病在神经症状上有相似之处，但水肿病一般体表无出血，会在结膜、颈部皮下出现明显的水肿，发病日龄一般集中在断奶后，并且在猪群中个头比较大的容易先发病。

⑦副猪嗜血杆菌病　与链球菌在体表出血、后肢关节肿胀有相似之处。但副猪嗜血杆菌病在胸腔和腹腔有积液，后期为纤维素性渗出物。

[防控技术]

①预防措施　预防本病主要应加强饲养管理，搞好环境卫生消毒。无论对规模化养猪场，还是农村散养户，搞好饲养管理、坚持自繁自养和全进全出的饲养方式，保证猪群充足的营养，减少应激因素，做好环境卫生，控制人员和物品的流动，做好其他疫病的防制等，对预防猪链球菌的发生具有十分重要的意义。猪只断尾、去齿和去势应严格消毒，猪只出现外伤应及时进行外科处理，防止受到链球菌的感染。引进种猪应严格执行检疫隔离制度，淘汰带菌母猪。经常有本病流行和发生的地区和猪场可在饲料中适当添加一些抗菌药物如四环素、恩诺沙星、氧氟沙星、磺胺类药物和头孢类药物等会收到一定的预防效果。抗菌药物的选择应基于药敏试验的结果，选用对猪链球菌敏感的药物。疫区和流行猪场应进行疫苗免疫接种。

②治疗措施　应对散发病死猪进行无血扑杀处理，同群猪立即进行免疫接种，或在饲料中添加抗菌药物进行预防，并隔离观察 14 天。必要时对同群猪进行扑杀处理。对被扑杀的猪、病死猪及排泄物、可能被污染饲料、污水等进行无害化处理。对可能被污染的物品、交通工具、用具、畜舍进行严格彻底消毒。疫区、受威胁区所有易感猪进行紧急免疫接种，或在饲料中添加抗菌药物进行预防。

79. 如何防控猪副伤寒？

[流行特点]　本病发生于 6 月龄以下的仔猪，以 1～4 月龄内发生较多。猪副伤寒的病原体在自然界中分布很广，包括健康猪的肠道也存在，当猪营养不良，饲料中缺乏维生素和矿物质，母猪缺奶，或管理不当，如饲料突变，猪舍潮湿、气

候突变、受凉、长途运输和发生其他疾病等，使机体抵抗力降低，这些沙门氏杆菌迅速繁殖，侵入机体而引起发病。如果本病一旦在猪群中发生，病菌连续通过若干易感猪体后，毒力增强，病由散发而成为地方性流行或暴发。本病一年四季均可发生，但以多雨潮湿的季节多见。

［临床症状］ 临诊上分为急性、亚急性和慢性。

①急性（败血型） 体温突然升高（41℃～42℃），精神不振，不食。后期间有下痢，呼吸困难，耳根、胸前和腹下皮肤有紫红色斑点。有时出现症状后24小时内死亡，但多数病程为2～4天。病死率很高。

②亚急性和慢性 是本病临诊上多见的类型，与肠型猪瘟的临诊表现很相似。病猪体温升高（40.5℃～41.5℃），精神不振，寒战，喜钻垫草，堆挤在一起，眼有黏性或脓性分泌物，上下眼睑常被黏着。少数发生角膜混浊，严重者发展为溃疡，甚至眼球被腐蚀。病猪食欲不振，初便秘后下痢，粪便淡黄色或灰绿色，恶臭，很快消瘦。部分病猪在病的中、后期皮肤出现弥漫性湿疹，特别是在腹部皮肤，有时可见绿豆大、干涸的浆性覆盖物，揭开可见浅表溃疡。病情往往拖延2～3周或更长，最后极度消瘦，衰竭而死。有时病猪症状逐渐减轻，状似恢复，但以后生长发育不良或经短期又行复发。

［病理变化］

①急性 主要为败血症的病理变化。脾常肿大，色暗带蓝，坚度似橡皮，切面蓝红色，脾髓质不软化。肠系膜淋巴结索状肿大。其他淋巴结也有不同程度的增大，软而红，类似大理石状。肝、肾也有不同程度的肿大、充血和出血。有时肝实质可见糠麸状、极为细小的黄灰色坏死小点。全身各黏膜、浆膜均有不同程度的出血斑点，肠胃黏膜可见急性卡他性炎症。

②亚急性和慢性　特征性病变为坏死性肠炎。盲肠、结肠肠壁增厚，黏膜上覆盖着一层弥漫性坏死性和腐乳状物质，剥开可见底部红色、边缘不规则的溃疡面，此种病变有时波及至回肠后段。少数病例滤泡周围黏膜坏死，稍突出于表面，有纤维蛋白渗出物积聚，形成隐约可见的轮环状。肠系膜淋巴结索状肿胀，部分呈干酪样变。脾稍肿大，呈网状组织增殖。肝有时可见黄灰色坏死小点。

［防控技术］

①预防措施　首先应改善饲养管理，消除发病诱因，增强猪只的抗病能力。做好免疫接种。仔猪副伤寒弱毒冻干苗适用于1月龄以上哺乳仔猪或断乳的健康仔猪。口服或注射均可。以口服法为常用，使用时，用冷开水按瓶签标明头份数，稀释成每头份5～10毫升，均匀地拌于饲料中，让猪自行采食，或每头份菌苗稀释成1～10毫升后逐头灌服。注射时按瓶签标明之头份用20%氢氧化铝胶稀释，对1月龄以上健康仔猪，每头耳后肌内注射1毫升。注射法免疫后有时会出现减食，体温升高，局部肿胀，呕吐，腹泻等接种反应，一般经1～2天后即自行恢复。口服免疫接种反应很轻微。用本疫苗口服或注射前后4天应禁止使用抗生素类药物。以免影响免疫效果。

②治疗措施　病猪应隔离治疗，常选用的治疗药物为：庆大霉素，每千克体重1～1.5毫克，每日2次。使用3～5日后，剂量减半，继续服3～5日。土霉素，每千克体重20～50毫克，肌内注射，连用数天。新霉素，每天每千克体重40～50毫克，分2～3次内服，连用3～5天。氟哌酸，每千克体重10毫克，每天内服2次，连用3～5天。同时应用强心、补液或维生素制剂进行对症治疗。发生本病时应立即进行隔离消毒，

运动场和猪舍可用20%新鲜石灰乳或3%来苏儿喷洒消毒，粪便、垫草堆积发酵或烧毁。死亡病猪应严格执行无害处理。

80. 如何防控猪炭疽？

[流行特点] 本病全世界都有发生，草食动物如牛、羊易感性最大，猪虽然也能感染，但有抵抗力，一般仅发生局限性咽喉炎等症状。由于本菌能在泥土中长期生存，如果病畜的血液、尸体、排泄物里面的病菌散布到泥土里，就成为炭疽的长期疫源地。所以病死猪尸体掩埋得不妥或随意抛弃，是造成炭疽病蔓延的主要原因之一。此外，其他病畜产品如皮、毛、骨、肉、肉粉等可以将病菌四处传播。吸血昆虫、鸟类、猫、犬等也能把病传出去。猪只通过消化道感染。放牧猪可经拱土寻食而感染；猪的感受性较低，多为散发或屠宰时发现，夏季发生稍多。

[临床症状]

①咽喉型　主要侵害咽喉及胸部淋巴结。开始咽喉部显著肿胀，渐次蔓延至头、颈，甚至胸下与前肢内侧。体温升高，呼吸困难，精神沉郁，不吃食，咳嗽，呕吐。一般在胸部水肿出现后24小时内死亡。主要病变为颌下、咽后、颈前淋巴结呈出血性淋巴结炎，病变部呈粉红色至深红色，病健部分界明显，淋巴结周围呈浆液性或浆液出血性浸润。转为慢性时，呈出血性坏死性淋巴结炎变化，病灶切面致密，发硬发脆，呈一致的砖红色，并有散在坏死灶。

②肠型　主要侵害肠黏膜及其附近的淋巴结。临床表现为不食，呕吐，血痢，体温升高，最后死亡。主要病变为肠管呈暗红色，肿胀，有时有坏死或溃疡，肠系膜淋巴结潮红肿胀。

③败血型　病猪体温升高，不吃食，行动摇摆，呼吸困难，

全身痉挛，嘶叫，可视黏膜蓝紫，1～2 天内死亡。

［**病理变化**］ 为防止扩大散播病原，造成新的疫源地，疑为炭疽病时禁止解剖。急性败血症病死猪可见迅速腐败，尸僵不全，黏膜暗紫色，皮下、肌肉及浆膜有红色或红黄色胶样浸润，并见出血点。血凝不良，黏稠如煤焦油样。脾脏高度肿大、质软，切面脾髓软如泥状，暗红色。淋巴结肿大、出血。心、肝、肾变性。胃肠有出血性炎症。咽型炭疽可见扁桃腺坏死，喉头、会咽、颈部组织发生炎性水肿，周围淋巴结肿胀、出血、坏死。猪宰后慢性炭疽的特征变化是：咽部发炎，扁桃腺肿大、坏死；颌下淋巴结肿大、出血、坏死，切面干燥，无光泽，呈砖红色，有灰色或灰黄色坏死灶；周围组织有黄红色浸润。

［**防控技术**］

①预防措施

a. 疫苗接种 在经常或近 2～3 年内曾发生炭疽地区的易感动物，每年应做预防接种。常用疫苗有：无毒炭疽芽胞苗及炭疽第二号芽胞苗。这两种疫苗接种后 14 天产生免疫力，免疫期为 1 年。另外，应严格执行兽医卫生防疫制度。

b. 预防性用药 临近猪场发生疫情时，本场可选用青霉素、土霉素、链霉素等抗生素进行预防。

②扑灭措施 发生该病时，应立即上报疫情，划定疫区，封锁发病场所，实施一系列防疫措施。病畜捕杀，假定健康群应紧急免疫接种。全场应彻底消毒，尸体应焚烧或深埋处理。禁止猪只出入疫区和输出相关产品，禁止食用病猪肉。在最后一头病猪死亡或痊愈后 15 天时解除对疫区的封锁，解除前再进行 1 次终末消毒。对临近发病猪场的其他猪场进行疫苗接种，防止疫病的发生。

81. 如何防控猪水肿病?

[流行特点] 本病传染源主要为带菌母猪感染的小猪。病菌由粪便排出,污染饲料、饮水和环境,主要通过消化道传染给健康猪。发病一般多见于春季和秋季。主要发生于断奶后的小猪,由于断奶后肠道对饲料的吸收不完全,残存在肠道内的饲料导致肠道内营养丰富,原存在于肠道内的大肠杆菌急剧增殖,产生毒素增加,因为生长快、体况健壮的仔猪食欲旺盛,吃得较多,从而最易感染,所以体格健壮者最先发病和死亡。在发病猪群中,发病率为10%~35%,致死率高达80%~100%。饲料单一、矿物质和维生素等缺乏,常可诱发本病。

[临床症状] 1头或几头体格健壮的猪突然死亡。病程稍长的病例表现精神沉郁,食欲下降至废绝,或口流白沫。体温一般无明显变化。典型临床症状表现为肌肉震颤,不时抽搐,四肢划动做游泳状,行走时步态不稳、共济失调,盲目前进或做圆圈运动。水肿是本病的特殊症状,常见于脸部、眼睑、结膜,有时波及颈部和腹部皮下。病猪常因喉头水肿而表现声音嘶哑。部分病例没有水肿变化。急性病例4~5小时死亡,一般病程为1~2天,年龄稍大的猪,病程可达5~7天。

[病理变化] 全身多处组织水肿,特别是胃壁黏膜显著水肿,多见于胃大弯部和贲门处,黏膜层和肌层之间有胶冻样物质或液体,厚度可达2~3厘米。胃底有弥漫性出血性变化。常见结肠系膜水肿,偶尔,小肠或直肠的一段水肿。小肠黏膜有弥漫性出血变化。心包和胸腹腔有较多积液,暴露于空气中则凝成胶冻状。

[诊断要点] 根据该病的发病日龄,发病后表现的神经

症状和水肿症状可以做出初步诊断。确诊需要靠实验室检查。猪水肿病在表现神经症状方面与猪链球菌病、猪李氏杆菌病和猪伪狂犬病容易混淆。在表现颈部肿胀方面与猪肺疫、猪炭疽、猪结核容易混淆。

①猪链球菌病　与水肿病都可以表现神经症状，但猪水肿病往往发生在断奶后，并且是健壮者多发；而猪链球菌病的发病日龄不是那么集中，并且可引起体表广泛性出血，特别是在四肢、腹部等部位出血严重，有些病例会引起后肢关节肿胀。

②猪李氏杆菌病　李氏杆菌病因为损伤了脑部从而表现出神经症状，而猪水肿病的神经症状是因为大肠杆菌产生的毒素所致，水肿病在颈部、眼睑等部位可以表现出水肿，剖检时胃底等部位有水肿的病理变化，而猪李氏杆菌病病例不具备这些变化。

③猪伪狂犬病　猪伪狂犬病往往发生于出生后不久的哺乳仔猪，死亡率较高，随着日龄的增大，发病率和死亡率逐渐降低，危害减小，而猪水肿病一般发生于断奶后。

④猪肺疫　猪肺疫也可以在颈部表现为肿胀和增粗，但其主要表现呼吸道症状和败血症，所以在临床上经常见到病猪呈现犬坐姿势，腹式呼吸，体表呈现明显的出血。剖检时猪肺疫脏器广泛性出血，特别是肺部出血严重，后期可以表现为胸腔脏器的粘连。

⑤猪炭疽　猪炭疽经常会导致下颌淋巴结肿大，从而也表现为颈部的增粗，与水肿病造成的颈部肿胀有相似之处，但猪炭疽一般发病率较低，往往局限于下颌淋巴结肿胀，用手触摸检查时发现下颌淋巴结增大、发硬。并且不具有猪水肿病眼睑和脏器水肿的特点。

⑥猪结核　猪结核也会造成下颌淋巴结的肿胀，从而与水肿病有相似之处。但猪结核往往会伴随着猪的消瘦和咳嗽，而猪水肿病往往是个头大的、健壮者多发。

［防控技术］

①预防措施　刚断奶的仔猪不要突然改变饲料和饲喂方法，注意日粮中蛋白质的比例不能过高（19%～20%），缺硒地区应适当补硒及维生素 E。也可在饲料中添加微生态细菌制剂。饲料中加柠檬酸、乳酸和食醋等酸化剂，以降低肠道中 pH 值，提高胃酸蛋白酶活性，促进消化。对断奶仔猪应尽量避免应激刺激，刚离乳的仔猪要适当限制喂料，一般经 2 周后才能让其自由采食。经验表明，这一举措不仅能有效地防治水肿病的发生，还能减少腹泻性疾病的发病率，而对保育猪的生长发育并无影响。仔猪在断奶前后一周时间内，用土霉素、新霉素等抗生素拌料，可明显降低该病的发病率。用大肠杆菌致病株制成菌苗，接种妊娠母猪，使其产生母源抗体，对仔猪也有一定预防作用。

②治疗措施　由于本病主要由大肠杆菌产生的毒素导致发病，所以用抗菌药物治疗效果不佳。对于发病猪用长效土霉素、新霉素等注射液，配合亚硒酸钠维生素 E 注射液，分别肌内注射，每天 1 次。重症者治疗价值不大。

82. 如何防控猪伪狂犬病？

［流行特点］　本病一年四季都可发生，但以冬春和产仔旺季多发，传播途径主要是直接或间接接触，还可经呼吸道黏膜、破损的皮肤和配料等发生感染。往往是分娩高峰的母猪舍首先发病，窝发病率可达 100%。发病猪主要在 15 日龄以内的仔猪，发病最早日龄是 4 日龄，发病率 98%，死亡率

85%。随着年龄的增长，死亡率可下降，成年猪轻微发病，但极少死亡。母猪多呈一过性或亚临床感染，妊娠母猪感染本病可经胎盘侵害胎儿，泌乳母猪感染本病的1周左右乳中有病毒出现，可持续3～5天，此时仔猪可因哺乳而感染本病。

［**临床症状**］　临床症状随年龄增长有差异。2周龄以内哺乳仔猪，病初发热，呕吐，下痢，厌食，精神不振，呼吸困难，呈腹式呼吸，继而出现神经症状，共济失调，，最后衰竭而死亡。

3～4周龄猪主要症状同上，病程略长，多便秘，病死率可达40%～60%。部分耐过猪常有后遗症，如偏瘫和发育受阻。

2月龄以上猪，症状轻微或隐性感染，表现一过性发热、咳嗽、便秘，有的病猪呕吐，多在3～4天恢复。如出现体温继续升高，病猪又出现神经症状，震颤，共济失调，头向上抬，背拱起，倒地后四肢痉挛，间歇性发作。

妊娠母猪表现为咳嗽、发热、精神不振。随着发生流产、木乃伊胎、死胎和弱仔。这些弱仔猪1～2天内出现呕吐和腹泻，运动失调，痉挛，角弓反张，通常在24～36小时内死亡。

［**病理变化**］　一般无特征性病变。如有神经症状，脑膜明显充血，出血和水肿，脑脊髓液增多。扁桃体和脾均有散在白色坏死点。肺水肿，有小叶性间质性肺炎。胃黏膜有卡他性炎症，胃底黏膜出血。流产胎儿的脑和臀部皮肤出血点，肾和心肌出血，肝和脾有灰白色坏死灶。

［**诊断要点**］　根据母猪的繁殖障碍、仔猪的神经症状和高死亡率可以做出初步诊断。确诊需进行实验室诊断。包括PCR检测病原法、ELISA检测野毒抗体法和实验动物法。其中前两种实验方法都需要一定的仪器设备和技术，不适合在

基层使用，而实验动物法简单易行，适合在基层操作。

取病猪的脾和小脑少许，混合一起磨碎或者捣碎（反复进行），用生理盐水做 1∶10 的稀释（青、链霉素以每毫升 1 000 单位加入其内），取混悬液 2 毫升皮下注射家兔，一定要接种到兔子可以咬或者挠的部位。接种后观察 3～5 天，若兔子出现对接种部位咬或者挠，从而接种部位出现脱毛、溃烂，则说明病料内含伪狂犬病毒，即可确诊。

［防控技术］

①*预防措施*　本病主要以预防为主，对新引进的猪要进行严格的检疫，引进后隔离观察、抽血检验，对检出阳性猪要注射疫苗，不可作种用。种猪要定期进行灭活苗免疫，育肥猪或断奶猪也应在 2～4 月龄时用活苗或灭活苗免疫，如果只免疫种猪，育肥猪感染病毒后可向外排毒，直接威胁种猪群。猪场要进行定期严格的消毒措施，最好使用 2％氢氧化钠（烧碱）溶液或酚类消毒剂。在猪场内要执行严格的灭鼠措施，消除鼠类带毒传播疾病的危险。

②*治疗措施*　本病目前无特效治疗药物，感染发病猪可注射猪伪狂犬病高免血清，尤其对断奶仔猪有明显效果，同时应用黄芪多糖等中药制剂配合治疗。对未发病受威胁猪进行紧急免疫接种。可使用伪狂犬病疫苗（Bartha-k61），乳猪股内侧肌内注射 0.5 毫升，3 月龄以上，股内侧肌内注射 1 毫升，妊娠母猪或成年猪臀部肌内注射 2 毫升。

83. 如何防控猪李氏杆菌病?

［流行特点］　病猪和带菌猪是传染源，被感染猪能从粪便、尿液、乳汁、流产胎儿、子宫分泌物、精液、眼及鼻分泌物排菌，污染饲料和饮水。传染途径是消化道、呼吸道、眼结膜和

损伤的皮肤，外寄生虫在本病的传播中也有一定作用。

本病多呈散发，但发病后的致死率很高。发病有一定季节性，多发生于冬季和早春。冬季缺乏青绿饲料，天气突变，内寄生虫的寄生或沙门氏菌感染都可促使本病的发生。幼龄和妊娠猪较易感，本病的发生无季节性。

［**临床症状**］　仔猪多呈败血症症状，体温升高达41℃～42℃，运动失常，做圆圈运动或无目的地行走，或以头抵地不动，有的病例头向后仰，前肢或四肢张开，呈观星姿态。肌肉震颤、僵硬，颈部和额部肌肉尤为明显。严重病例常突然倒地，口吐白沫，四肢划动，呈游泳状，间歇一定时间后又自行起立。有的病例两前肢或四肢发生麻痹，不能站立。一般经1～4天衰竭死亡。较大的猪病程可延至1个月以上，行走时步态僵硬。有的病例两后肢麻痹，不能站立，拖地而行。妊娠母猪常无明显症状而发生流产。

［**病理变化**］　脑和脑膜充血或水肿，脑脊髓液增多、混浊，脑干变软，有小化脓灶，脑髓质偶尔可见软化区。发生败血症时，肝脏可见多处坏死灶，脾脏偶尔可见。发生流产的母猪可见子宫内膜充血，并发生广泛坏死，胎盘子叶常见出血和坏死。流产胎儿肝脏有大量小的坏死灶。

［**诊断要点**］　根据病猪的临床症状和病理变化可做出初步诊断，确诊需进行实验室检测。另外，进行诊断时要注意与猪瘟、猪伪狂犬病、乙型脑炎、水肿病和猪链球菌病相鉴别诊断。

①猪瘟　1月龄内的仔猪发生猪瘟时，神经症状主要表现是转圈运动，持续高温，用退热药和抗菌药物治疗无效；而猪李氏杆菌病的神经症状主要是前肢运动障碍、不能站立，体温呈一过性高温，用抗菌药物治疗效果明显。猪瘟肾脏有针

尖样出血点，脾脏出血、边缘梗死等病变都是猪伪狂犬所不具备的。

②仔猪伪狂犬病　哺乳仔猪感染伪狂犬病时，神经症状主要表现为后肢运动障碍：走路摇摆、站立不稳或不能站立；李氏杆菌病是前肢运动障碍。

③仔猪水肿病　仔猪水肿病一般多发于春秋季，即每年的4～5月份和9～10月份，常发生于断奶后不久的仔猪，一窝中往往是健壮和生长快的最先发病；而李氏杆菌病则多发于冬季和早春，哺乳仔猪发病时死亡率高，断奶后仔猪大多可以耐过，死亡率低。仔猪水肿病的特征病变是头和眼睑水肿，皮下有大量淡黄色胶冻样渗出；李氏杆菌病尽管眼球外突，但眼睑水肿不明显，皮下无胶冻样物。水肿病的胃壁增厚，胃大弯水肿，切开胃壁可见浆膜和肌层间夹有大量胶冻样物质，猪伪狂犬无此病变。

④乙脑　乙脑明显的流行季节是夏秋季，即每年的6～10月份，蚊虫是其主要传播媒介。并且哺乳仔猪感染乙脑时病程较长，一般3～4天，且用药物治疗无效，可与李氏杆菌病区别。

⑤链球菌病　脑膜炎型的链球菌病也可以引起神经症状，但是通常在猪群内有败血型病例出现，病猪表现为皮肤发红，尤其是四肢末端出血严重。有的猪后肢关节肿胀，瘸腿或者后肢瘫痪症状。

［防控技术］

①预防措施　目前尚无有效的疫苗用于本病的预防。预防本病应做好平时的饲养管理，处理好粪尿。减少饲料和环境中的细菌污染。不要从有病的猪场引种，消灭猪舍及场区内的鼠类及吸血昆虫。发现病猪立即隔离，猪舍用3～5%石

炭酸、3%来苏儿或5%漂白粉溶液消毒。

②治疗措施　发病早期可进行治疗，用药量要大，链霉素、青霉素、庆大霉素和磺胺类药物等都有一定疗效。链霉素每千克体重10～20毫克和青霉素每千克体重1万～2万单位，肌注，每天2次；或复方磺胺-5-甲氧嘧啶，每千克体重0.02～0.03克（以磺胺-5-甲氧嘧啶计），肌注，每天2次。如用氟苯尼考配合青霉素，则治疗效果较好。但对于已经出现神经症状的乳猪，治疗往往难以奏效。

84. 如何防控猪破伤风？

[流行特点]　本病多见于阉割、外伤及手术消毒不严感染破伤风梭菌芽胞引起，呈散发，没有季节性和接触传染性，但是环境不卫生，湿热时多发。幼龄的猪多发，有的病例看不到伤口，可能是在潜伏期伤口已经愈合，或经子宫消化道黏膜而感染。

[临床症状]　本病的潜伏期1～2周。发病时肌肉僵硬，咬肌紧缩，张嘴困难，严重时牙关紧闭，耳竖立，颈伸直，头向前伸，四肢伸直不能弯曲，对光、声和其他刺激敏感，可使症状加重，最后窒息死亡，病死率较高。主要是肌肉强直性痉挛，流涎、牙关紧闭、瞬膜外露、行走困难。重时卧地不起，呈强直状态、角弓反张，对外界刺激敏感性增高。呼吸困难，病死率高。

[防控技术]

①预防措施　防止外伤发生，特别是在猪阉割时，要做好器械和术部的消毒工作，为预防感染，可在去势的同时，给猪注射破伤风抗毒素血清3 000国际单位，有较好预防效果。

②治疗措施　对病猪应及时治疗。方法包括：将猪放置

安静地方，尽量减少或避免刺激；发现和处理好伤口，清除异物，消毒及撒涂消炎药物；早期及时注射抗破伤风血清，猪为10万～20万单位，分两次皮下注射；使用镇静解痉药物，如水合氯醛灌肠，每次0.5毫升/千克体重，或25%硫酸镁10～15毫升肌内注射，或1%普鲁卡因穴位注射；采用对症疗法，如补液，注射维生素C，调整胃肠药等。

85. 如何防控猪血凝性脑脊髓炎?

[流行特点] 本病仅感染猪，尤其哺乳仔猪最易感。大多数是由于引入新猪所引起，多发生于2周龄以下的哺乳仔猪，一般侵害一窝或几窝哺乳仔猪，以后由于猪群产生了免疫反应而停止发病。成猪多为隐性感染。病猪和健康带毒猪随粪便排出病毒，主要通过污染饲料、饮水等经消化道传染，经呼吸道和其他途径传染也有可能。新疫区发病率和病死率较高，在老疫区多呈散发。

[临床症状] 根据临床症状分为脑脊髓炎型和呕吐衰弱型。两种病型可以同时存在于一个猪群，也可以存在于不同的猪群和不同的地区。

①脑脊髓炎型 病猪多在2周龄以下，最初的症状见于4～7日龄。首先是不食，继而发生嗜睡、呕吐、便秘，少数猪体温升高。其后病猪被毛逆立，四肢蓝紫，有些病猪打喷嚏，咳嗽，磨牙。1～3天后，大多数出现中枢神经障碍症状，大部分猪的感觉和知觉过敏，如果突然遇到骚乱或声响，则病猪嚎叫，扒地，步态不协调，后肢逐渐麻痹而向后坐或呈犬坐姿势。最后病猪侧卧，四肢做游泳运动，呼吸困难，失明，眼球震颤，昏迷死亡。病程约10天，病死率几乎100%，少数不死者可在几天内完全恢复。

②**呕吐衰弱型** 发生于出生后几天的乳猪。病初体温升高，反复呕吐，仔猪聚堆，倦怠无力，时常拱背。以后常见病猪磨牙，将嘴伸到水中而又不喝或喝水量少，并有便秘。较小的仔猪在几天之后表现严重脱水，不食，结膜蓝紫，昏迷而死亡。较大的猪症状较轻，也表现不食，消瘦，衰弱，呕吐等。3 周龄以下仔猪的发病率和病死率很高，不死者转为慢性消瘦的僵猪。

[**病理变化**] 肉眼变化不明显，在脑脊髓炎病例仅见到轻微卡他性鼻炎，一些呕吐衰弱型病仔猪有胃肠炎变化。病变主要分布在脊髓腹角、小脑灰质和脑干。病程较长的，心肌和肌肉有萎缩现象。

[**防控技术**] 本病尚无特效疗法和有效疫苗，但在大多数猪场危害并不严重。多数流行地区处于呼吸道亚临床感染状态。母猪多在初产前即感染病毒，通过初乳抗体可以有效地保护仔猪，仔猪受到感染时也处于亚临床状态。在新建猪场，母猪产前未感染时，3 周龄以内的仔猪可能出现临诊症状。所以，维持母猪的感染状态可以避免仔猪发病。仔猪一旦发生本病，很难自然康复。应及早诊断，防止本病蔓延扩大。2～3 周后出生的仔猪可通过母源抗体获得保护。在此之前未获得母源抗体的仔猪，可在初生后注射高免血清建立被动免疫。

86. 如何防控猪脑心肌炎？

[**流行特点**] 本病的易感动物较多；猪、鼠、猴、牛、马等都有易感性，猪是感染脑心肌炎病毒最广泛、最严重的动物，以仔猪的易感性最强，20 日龄内的仔猪可发生致死性感染，成年猪多呈隐性感染。最近研究发现，本病毒也可引起母猪

繁殖障碍。本病的传染源是带毒的鼠类，仔猪主要由于采食被病毒污染的饲料、饮水而感染。也可经胎盘感染。因此，本病发生与场内鼠的数量以及患病鼠多少有十分密切关系。本病的发病率和病死率，随饲养管理条件及病毒株的强弱而有显著差异，发病率在2%～50%，病死率可达100%。

[**临床症状**]

①最急性型　表现为同胎或同窝仔猪常在几乎看不到任何前期症状的情况下突然死亡，或经短时间兴奋虚脱死亡。

②急性型　发作的病猪可见短时间的发热（41℃～42℃）、精神沉郁、减食或停食，有的猪表现震颤、步态蹒跚、呕吐、呼吸困难，或表现进行性麻痹。往往在吃食或兴奋时突然倒地死亡。断奶仔猪和成年猪多表现为亚临床感染。病死率以1～2月龄仔猪最高，可达80%～100%。母猪在妊娠后期可发生流产、死胎、产弱仔和木乃伊胎。

[**病理变化**]　病死猪腹下皮肤蓝紫，胸腔、腹腔及心包囊积液，右心室扩张，心肌柔软，心肌弥散性灰白色，心室肌可见许多散在的白色病灶，有的呈条纹状、圆形。肺充血水肿。胃大弯水肿。肠系膜水肿。脾脏缺血萎缩，比正常脾脏小一半。肾、肝脏皆呈皱缩状态。

[**诊断要点**]　根据流行病学、临床症状和病理变化可做出初步诊断，确诊需要进行实验室检测。在临床上猪脑心肌炎由于具有病死猪体表有严重出血或者神经症状，所以容易与猪瘟、猪链球菌病等相混淆。

①猪瘟　二者在引起猪的死亡率和死亡速度上很相似，并且病死猪都有体表的出血。但猪瘟的特征性病理变化为脾脏的边缘梗死，而猪脑心肌炎的特征性病理变化在心脏，表现为心肌柔软，心肌弥散性灰白色，心室肌可见许多散在的白色

病灶，有的呈条纹状、圆形。

②猪链球菌病　二者都可以引起病猪的体表出血和神经症状，但猪链球菌还可以引起后肢关节的肿胀，这点与猪脑心肌炎不同。在治疗过程中，某些抗生素对治疗猪链球菌病有效，而猪脑心肌炎目前尚无有效治疗药物。

［防控技术］　目前对猪脑心肌炎尚无有效的治疗药物和疫苗，主要靠综合性防制措施加以预防。首先应当注意防止野生动物，特别是啮齿类动物偷食或污染饲料与水源。猪群如发现可疑病猪时，应立即隔离消毒，病死动物要迅速做无害化处理，被污染的圈舍场地应以含氯消毒剂彻底消毒，以防止人的感染。尽量避免使猪产生应激反应，可使猪的病死率降低。

87. 如何防控猪口蹄疫？

［流行特点］　猪对口蹄疫病毒特别具有易感性，有时牛、羊等偶蹄兽不发病，猪仍能发病。不同年龄的猪易感程度不完全相同，一般是越年幼的仔猪发病率越高，病情越重，死亡率越高。猪口蹄疫多发生于秋末、冬季和早春，尤以春季达到高峰，但在大型猪场及生猪集中的仓库，一年四季均可发生。本病常呈跳跃式流行，主要发生于集中饲养的猪场、仓库，城郊猪场及交通沿线。本病传播迅速，流行猛烈，常呈流行性发生。发病率很高，良性口蹄疫病死率一般不超过5%，但恶性口蹄疫死亡率可以超过50%。

［临床症状］　病猪以蹄部水疱为主要特征，病初体温升高至40℃～41℃，精神不振，食欲减少或废绝。口黏膜（包括舌、唇、齿龈、咽、腭）形成小水疱或糜烂。蹄冠、蹄叉、蹄踵等部出现局部发红、微热、敏感等症状，不久逐渐形成米粒大、蚕

豆大的水疱，水疱破裂后表面出血，形成糜烂，如无细菌感染，1周左右痊愈。如有继发感染，严重者影响蹄叶、蹄壳脱落。患肢不能着地，常卧地不起，病猪鼻镜、乳房也常见到烂斑，尤其是哺乳母猪，乳头上的皮肤病灶较为常见，但也发于鼻面上。其他部位皮肤如阴唇及睾丸上的病变少见，还可常见跛行，有时流产，乳房炎及慢性蹄变形。吃奶仔猪的口蹄疫，通常呈急性胃肠炎和心肌炎而突然死亡。病死率可达60%～80%，病程稍长者，亦可见到口腔（齿龈、唇、舌等）及鼻面上有水疱和糜烂。

［**病理变化**］ 猪口蹄疫除口腔和蹄部的水疱和烂斑外，在咽喉、气管、支气管和前胃黏膜有时可见到圆形烂斑和溃疡，真胃和肠黏膜可见出血性炎症。另外，具有重要诊断意义的是心脏病变，心包膜有弥散性及点状出血，心肌松软，心肌切面有灰白色或淡黄色斑点或条纹，好似老虎皮上的斑纹，故称“虎斑心”。

［**防控技术**］ 防制本病应根据本国实际情况采取相应对策。无病国家一旦暴发本病应采取屠宰病畜、消灭疫源的措施；已消灭了本病的国家通常采取禁止从有病国家输入活畜或动物产品，杜绝疫源传入；有本病的地区或国家，多采取以检疫诊断为中心的综合防制措施，一旦发现疫情，应立即实行封锁、隔离、检疫、消毒等措施，迅速通报疫情，查源灭源，并对易感畜群进行预防接种，以及时拔除疫点。

目前我国对口蹄疫疫情一般执行“封、杀、消、免”四字方针。

封——即封锁。猪口蹄疫发生时应及时向上级主管部门报告，立即采取隔离、消毒，以减少损失，经过全面大消毒，疫区的猪在解除封锁后3个月，方能全面解除进入非疫区。

杀——即捕杀。对发病猪及与发病猪相接触的可疑感染猪进行捕杀。

消——即消毒。疫点严格消毒,粪便堆积发酵处理或用5%氨水消毒,场地、猪舍、器具可用2%~4%烧碱液、10%石灰乳或0.2%~0.5%过氧乙酸喷洒消毒。预防人的口蹄疫,做好个人自身防护。

免——即免疫接种。发生口蹄疫时,需用与当地流行的相同病毒型、亚型的弱毒疫苗或灭活疫苗进行免疫预防。弱毒疫苗由于毒力与免疫力之间难以平衡,不太安全。因此目前各国主要研制和应用灭活疫苗。不少国家采用单层或悬浮的BHK21细胞系和IB-RS-2细胞系培养生产灭活疫苗,灭活剂多采用主要作用于核酸、蛋白抗原性保护较好、且毒性小的二乙烯亚胺灭活后加油类佐剂。对疫区和受威胁区内的健康猪进行紧急接种,在受威胁地区的周围建立免疫带以防疫情扩展。

为了防止病猪继续向外散播病原,使疫情进一步扩散,所以本病发生后,一定要按照“封、杀、消、免”的四字方针处理,不允许治疗。

88. 如何防控猪水疱病?

[**流行特点**] 在各种家畜中,只有猪可感染发病,其他动物不发病,人类有一定的感受性;各种品种、年龄、性别的猪都可感染发病。本病的发生无明显的季节性,呈地方性流行。由于传播不如口蹄疫病毒快,所以流行较缓慢,不呈席卷之势。不同条件的养猪场发病率由10%~100%不等。猪群高度集中、调运频繁、猪仓库、屠宰场、铁路沿线等传播快,发病率高;分散饲养的农村和家户,少见发生和流行。

[临床症状] 本病特征性的症状和病理变化是在蹄冠、蹄叉、蹄踵或副蹄出现水疱。水疱破裂后水疱皮脱落，暴露出的创面有出血和溃疡。按照病情的典型与否，一般可以分为典型型、温和型和隐性型。

①典型型 主要表现为病猪的趾、附趾的蹄冠以及鼻盘、舌、唇和母猪乳头发生水疱。早期症状为上皮苍白肿胀，在蹄冠的角质与皮肤结合处首先见到，36～48 小时后，水疱明显凸出，里面充满水疱液，很快破裂，但有时维持数天。水疱破裂后形成溃疡，真皮暴露，颜色鲜红。病变严重时蹄壳脱落。部分猪的病变部因继发细菌感染而形成化脓性溃疡。由于蹄部受到损害，蹄部有痛感出现跛行。有的猪呈犬坐式或躺卧地下，严重者用膝部爬行。体温升高至 40℃～42℃，水疱破裂后体温下降至正常。病猪精神沉郁，食欲减退或停食。在一般情况下，如无并发其他传染病则不引起死亡，初生仔猪可造成死亡。病猪康复较快，病愈后 2 周，创面可完全痊愈。如蹄壳脱落，则相当长时间后才能恢复。部分病猪发生中枢神经系统紊乱，表现向前冲、转圈运动，用鼻摩擦、啃咬猪舍用具，眼球转动，有时出现强直性痉挛。

②温和型和隐性型 温和型病例只见少数病猪出现水疱，传播缓慢，症状轻微，往往不容易被察觉。隐性型感染后不表现症状，但感染猪能排出病毒，对易感猪有很大的危险性。

[病理变化] 特征性病变主要是在蹄部、鼻盘、唇、舌面及乳房出现水疱。水疱破裂后水疱皮脱落，暴露出的创面有出血和溃疡。个别病例心内膜有条状出血斑。其他脏器无可见病变。

[诊断要点] 本病在临诊上与口蹄疫、水疱性口炎极为

相似，要注意鉴别诊断。但本病只感染猪，而口蹄疫和水疱性口炎除了感染猪外，还可以感染牛、羊和骆驼等。尤其是单纯口蹄疫还能引起牛、羊、骆驼等偶蹄动物发病。该病的确诊，还必须进行实验室检查，可以使用动物实验和 ELISA 方法或者 PCR 诊断方法进行确诊。

[防控技术]

①*预防措施* 做好日常消毒工作，对猪舍、环境、运输工具用有效消毒药（如 5%氨水、10%漂白粉、3%福尔马林和 3%氢氧化钠等溶液）进行定期消毒。在引进猪和猪产品时，必须严格检疫。在本病常发地区进行免疫预防，据报道国内外应用豚鼠化弱毒疫苗和细胞培养弱毒疫苗，对猪免疫，其保护率达 80%以上，免疫期 6 个月以上。用水疱皮和仓鼠传代毒制成灭活苗有良好免疫效果，保护率达 75%～100%。

②*治疗措施* 发生本病时，要及时向上级动物防疫部门报告。对可疑病猪进行隔离，对污染的场所、用具要严格消毒，粪便、垫草等堆积发酵消毒。对患病猪待水疱破后，用 0.1%高锰酸钾或 2%明矾水洗净，涂布紫药水或碘甘油，数日可治愈。

89. 如何防控猪水疱性口炎？

[流行特点] 该病的传染源是病畜及患病的野生动物，病毒从病猪的水疱液和唾液排出。病畜在水疱形成 96 小时前就可以从唾液排出病毒。病猪主要通过损伤的皮肤和黏膜感染，也可通过污染的饲料和饮水经消化道感染，还可以通过双翅目昆虫叮咬易感动物而感染。幼猪比成年猪易感，随着年龄增长，其易感性逐渐降低。本病有明显的季节性，多见于夏季及秋初（7～8 月）发生，秋末则趋于平息。

[临床症状] 病猪在吻突和蹄部可发现糜烂和溃疡，在疾病的早期检查时，可能发现一些仍处于水疱期的病变，由于水疱很容易破裂，故此期非常短暂。随后表皮脱落，只留下糜烂和溃疡的病变。实验感染猪在接毒2～3天后出现热反应，大约在这个时候出现水疱。体温可达40.5℃～41.6℃，然后逐渐下降，通常在几天内恢复正常，但有时持续1周或更长时间。发热期伴有轻度的沉郁和食欲不振。这些病变，尤其是蹄部病变容易造成继发感染，它可能引起蹄壳脱落，延长康复时间。没有并发症的病猪1～2个星期内康复，且不留斑痕或其他永久性的损伤。

[诊断要点] 根据流行病学、临床症状和病理变化可做出初步诊断，确诊需要进行实验室检测。临床上要注意与猪口蹄疫、猪水疱病鉴别诊断。

①*猪口蹄疫* 相似处：有传染性，体温高（40℃～41℃），口、蹄发生水疱，流涎，跛行，严重时蹄壳脱落等。不同处：口蹄疫发病多在冬季早春寒冷季节（不是夏季或秋初），马不发病，传染迅速，常为大流行。

②*猪水疱病* 相似处：有传染性，体温高（40℃～42℃），口、蹄发生水疱，跛行，严重时蹄壳脱落等。不同处：猪水疱病仅猪感染，蹄部先发生水疱，随后仅少数病例在口、鼻发生水疱，舌面罕见水疱。一年四季均可发生，而以猪只密集、调动频繁的猪场传播较快。接种2日龄和7～9日龄乳鼠及乳兔，7～9日龄乳鼠不发病，其余均发病。

[防控技术]

①*预防措施* 除常规地严密消毒、认真检疫外，在发生过该病的地区可接种疫苗预防。注意猪舍，避免有使猪吻突或蹄的表皮造成擦伤的物品和地面，以防病毒的侵入。

②*治疗措施*　在一般情况下可以自然痊愈，若加强护理及对症治疗，则可加速痊愈。但为了防止病原的进一步扩散，对病猪应进行隔离、消毒，或施以捕杀处理等措施尽快扑灭本病。

90. 如何防控猪附红细胞体病？

［流行特点］　猪附红细胞体病可发生于各龄猪，但以仔猪和长势好的架子猪死亡率较高，母猪的感染也比较严重。患病猪及隐性感染猪是重要的传染源。猪通过摄食血液或带血的物质，如舔食断尾的伤口、互相斗殴等可以直接传播。间接传播可通过活的媒介如疥螨、虱子、吸血昆虫（如刺蝇、蚊子、蜱等）传播。注射针头的传播也是不可忽视的因素，因为在注射治疗或免疫接种时，同窝的猪往往用一只针头注射，有可能造成附红细胞体人为传播。附红细胞体可经交配传播，也可经胎盘垂直传播。在所有的感染途径中，吸血昆虫的传播是最重要的。

附红细胞体病是由多种因素引发的疾病，仅仅通过感染一般不会使在正常管理条件下饲养的健康猪发生急性症状，应激是导致本病暴发的主要因素。通常情况下只发生于那些抵抗力下降的猪，分娩、过度拥挤、长途运输、恶劣的天气、饲养管理不良、更换圈舍或饲料及其他疾病感染时，猪群亦可能暴发此病。猪附红细胞体病一年四季都可发生，但多发生于夏、秋和雨水较多的季节，以及气候易变的冬、春季节。气候恶劣、饲养管理不善、疾病等应激因素均能导致病情加重，疫情传播面积扩大，经济损失增加。猪附红细胞体病可继发于其他疾病，也可与一些疾病合并发生。

猪附红细胞体病对猪的危害较大，不但可以直接引起猪的发病和死亡，而且血液红细胞携带附红细胞体的猪抵抗力严重下降，使猪对多种病原都易感，有专家称附红细胞体对猪来说是百病之源，充分说明了附红细胞体病对猪的危害程度。

[临床症状]

①仔猪　仔猪感染发病后症状明显，常呈急性经过，发病率和死亡率较高。急性期主要表现为皮肤黏膜苍白和黄疸，其中小于5日龄的仔猪主要表现为皮肤苍白和黄疸；断奶前后的仔猪则以贫血为主，偶尔可见黄疸。病猪精神不振，食欲下降或废绝，反应迟钝，步态不稳，消化不良，高热达42℃，四肢特别是耳廓边缘发绀，耳廓边缘的浅至暗红色是其特征性症状。有的可见整个耳廓、尾及四肢末端明显发绀。当感染持续的时间较长或发生持续感染时，耳廓边缘甚至整个耳廓可能发生坏死。耐过仔猪往往生长不良而成僵猪，并可能再次发生感染。慢性附红细胞体病猪表现为消瘦、苍白，一般在腹部皮下可见出血点。

②育肥猪和母猪　育肥猪感染后呈典型的溶血性黄疸，贫血症状较少见。常见皮肤潮红，毛孔处有针尖大小的微细红斑，尤其以耳部皮肤明显，体温升高达40℃以上。精神萎靡不振，食欲下降。死亡率较低。母猪呈急性或慢性经过。感染常见于临产母猪或分娩后3～4天。急性期母猪表现食欲不振、精神萎靡，持续高热达42℃，贫血，黏膜苍白，乳房或外阴水肿可持续1～3天，产奶量下降。感染母猪可发生繁殖障碍，表现为早产、产弱仔和死胎。母猪的受胎率降低，不发情或发情期不规律。

[病理变化]　主要表现为贫血及黄疸。全身皮肤黏膜、脂肪和脏器显著黄染，常呈泛发性黄疸。重症者血液稀薄、色淡、凝固不良。全身淋巴结肿大、苍白或黄染、切面外翻，有液

体渗出。尤其是腹股沟淋巴结肿大严重，在腹股沟淋巴结外周常包裹着一层类似结缔组织的包膜，有韧性，一般为白色或淡黄色。肝脏肿大变性，呈黄棕色，表面有黄色条纹状或灰白色坏死灶。脾脏肿大，呈暗黑色，有的脾脏有针尖大至米粒大灰白(黄)色坏死结节。肾脏肿大，有微细出血点或黄色斑点。胃底部出血，坏死较严重。

[诊断要点]　根据流行病学、临床症状和病理变化可做出初步诊断，确诊需要进行实验室检测。临床上要注意与猪肺疫、猪气喘病、猪弓形虫病、猪传染性胸膜肺炎的鉴别诊断。

①猪肺疫　相似处：体温高(41℃～42℃)，耳、胸前、腹下、股内侧皮肤紫红，气喘，呼吸困难，犬坐等。不同处：咽喉型咽颈肿胀，口鼻流液。喉部及其周围结缔组织出血性浆液浸润。胸膜有纤维性肺炎，切面大理石纹，抗生素药物及时治疗有效。

②猪气喘病　相似处：有传染性气喘，呼吸困难。不同处：一般体温不高，咳嗽呈痉挛性，体表皮肤有少量出血性紫斑，主要病变集中于肺部。

③猪弓形虫病　相似处：体温高(40℃～42℃)，食欲减退或废绝，精神委顿，粪初干、后干稀交替，呼吸浅快、困难，耳、下肢、下腹皮肤可见紫红色斑等。不同处：流水样鼻液，虫体侵害脑部时有癫痫样痉挛，后躯麻痹。剖检可见肺淡红或橙黄膨大，有光泽，表面有出血点，肠系膜淋巴结髓样肿胀，如粗绳索样，切面有粒大出血点。回盲瓣有点状浅表性溃疡，盲肠、结肠可见到散在的小指大和中心凹陷的溃疡，磺胺类药物治疗有效。

④猪繁殖与呼吸综合征　相似处：初生仔猪类似猪流感症状，有的生死胎或木乃伊胎，妊娠母猪百天左右突然出现厌

食，体温升高，鼻流清涕，鼻端耳尖发凉，喜卧嗜睡。不同处：耳尖耳边缘呈现蓝紫色，个别猪鼻端瘙痒，鼻盘擦地，极度不安，临产母猪多数死亡，或超过预产期，阴门流出褐白色黏稠性分泌物。母猪屡配不孕，配后个别流产，能产出弱仔猪，不到 24 小时后死亡。个别仔猪呼吸困难，耳、鼻盘呈蓝紫色，多数死亡。断奶后 50～60 天，仔猪也有少数蓝耳现象，2 天后消退。

⑤猪传染性胸膜肺炎　相似处：体温高（40.2℃～42.7℃），呼吸困难，呈犬坐姿势，耳、鼻、四肢皮肤紫蓝色，剖检可见肺泡与间质水肿等。不同处：多发生于 4～5 月和 9～11 月，以 6 周至 6 月龄多发，从口鼻流出泡沫样血色分泌物。剖检可见胸膜和肺表面有纤维性渗出物附着，抗生素药物及时治疗有效。

［**防控技术**］　附红细胞体病患猪常伴发细菌性、病毒性或寄生虫性等疾病，如链球菌病、猪水肿病、仔猪副伤寒、猪肺疫、猪丹毒、猪瘟、弓形虫病等。这些病原体易污染猪舍环境，使隐性感染猪的抵抗力下降，并呈现混合感染，导致高死亡率及巨大的经济损失。故在临床上，应充分重视，并予相应对症的治疗，以保证安全。

①预防措施　加强猪群的日常饲养管理，饲喂高营养的全价料，保持猪群的健康；保持猪舍良好的温度、湿度和通风；消除应激因素，特别是在本病的高发季节，应扑灭蜱、虱子、蚤、螫蝇等吸血昆虫，断绝其与动物接触。加强环境卫生消毒，保持猪舍的清洁卫生，粪便及时清扫，定期消毒，定期驱虫，减少猪群的感染机会和降低猪群的感染率。对注射针头、注射器应严格进行消毒，无论疫苗接种，还是治疗注射，应保证每猪一个针头。母猪接产时应严格消毒。

药物预防，可定期在饲料中添加预防量的土霉素、四环素、强力霉素、金霉素、阿散酸，对本病有很好的预防效果。每吨饲料中添加金霉素 48 克或每升水中添加 50 毫克，连续 7 天，可预防大猪群发生本病；分娩前给母猪注射土霉素(11 毫克/千克体重)，可防止母猪发病；对 1 日龄仔猪注射土霉素 50 毫克/头，可防止仔猪发生附红细胞体病。

②*治疗措施*　四环素、卡那霉素、强力霉素、土霉素、黄色素、血虫净(贝尼尔)、氯苯胍、砷制剂(阿散酸)等可用于治疗本病，一般认为四环素和砷制剂效果较好。对猪附红细胞体病进行早期及时治疗可收到很好的效果。

91. 如何防控猪繁殖与呼吸综合征?

[流行特点]　本病又称蓝耳病。猪和野猪是猪繁殖与呼吸综合征病毒仅有的自然宿主，猪特别是妊娠母猪容易感染本病，猪繁殖与呼吸综合征本身具有较强的感染性，可经多种途径感染猪。

首先，发病猪或耐过带毒猪都是非常危险的传染源，可通过其粪便、尿及腺体分泌物长期向周围环境排毒，只要易感猪与其接触，就可感染发病，仔猪可成为自然带毒者。病毒在猪群中生存、循环及再次传播。造成感染及未感染猪之间的直接或间接接触传播。尤其是引进携带病毒的后备种猪与原猪群的平行和垂直传播为其主要传播途径。感染本病的母猪可通过胎盘将猪繁殖与呼吸综合征病毒传递给仔猪。携带猪繁殖与呼吸综合征病毒的公猪其危害就更大，可通过人工授精，使大批母猪感染本病。由此可见，猪繁殖与呼吸综合征的传播途径多样是其广泛传播的主要原因。但在我国，盲目引种是造成猪繁殖与呼吸综合征大面积发生的最主要原因之一。

含有猪繁殖与呼吸综合征病毒的粪、尿等排泄物也是潜在的污染源。空气传播是猪繁殖与呼吸综合征病毒的又一重要传播途径，特别是在短距离内（小于 3 千米）传播更具有重要的作用。此外，病毒在低温潮湿条件下容易存活，因此气温低、湿度高、风速大和紫外线照射强度下降等皆可加快该病的传播。

猪繁殖与呼吸综合征的发生无明显的季节性，一年四季均可发生。初发地区呈暴发式流行，发生过的地区则要缓和些。发病主要与母猪妊娠有关。病猪和无症状的带毒猪、康复猪和病母猪所产的仔猪以及被污染的环境和用具等具有传染性。其中，病猪和带毒猪是本病的主要传染源。亚临床感染的猪群是猪繁殖与呼吸综合征病毒不明传播的潜在传染源。

猪繁殖与呼吸综合征病毒与其他病原微生物的双重感染已是普遍现象。猪繁殖与呼吸综合征病毒可成为其他病原体感染的诱因，猪链球菌有毒菌体可加重感染，单纯的猪繁殖与呼吸综合征病毒感染导致哺乳仔猪死亡现象极少见。因此一般认为，猪繁殖与呼吸综合征病毒伴发其他病原微生物的感染会使症状加剧而引起死亡。另据报道，猪细小病毒、猪呼吸道冠状病毒及猪肺炎支原体与猪繁殖与呼吸综合征病毒经常混合感染，其机理尚未完全清楚。

［临床症状］　猪繁殖与呼吸综合征受病毒毒力的影响，猪场饲养状况的影响和免疫情况的影响，症状和病理变化的程度有很大差别。症状以母猪的繁殖障碍和仔猪的呼吸困难为主。

①繁殖母猪　急性发病后的主要表现是发热，精神沉郁，食欲减退，嗜睡，轻微咳嗽，不同程度呼吸困难，一般呼吸症状

较轻。间情期延长或不孕，在末梢部位（耳部、鼻盘、乳腺、阴门等）的皮肤有不同程度的充血或发绀。在急性期有1%～3%的母猪可能出现流产，流产一般发生在妊娠第二十一至第一百零九天。急性病例发作约1周后，因为病毒通过胎盘传播，疾病进入第二阶段，主要表现是妊娠后期繁殖障碍，大多数为早产，但也可出现妊娠足月或超出妊娠期的仔猪，或者出现流产；所产窝中有不同数量的正常仔、弱小仔、死胎、部分或完全木乃伊胎儿。在产不正常胎儿的母猪中，围产期的死亡率可为1%～2%；这些母猪再次用于繁殖，一般都会出现再次发情推迟且妊娠率低，加之流产损失、再发情的不规律和母猪不孕等，可导致整个繁殖周期中产仔率明显降低。

②公猪　在急性发作的第一阶段，除厌食、精神沉郁、呼吸道临床症状外，公猪可能缺乏性欲和出现不同程度的精液质量降低，可在精液中检测到猪繁殖与呼吸综合征病毒。尽管公猪的猪繁殖与呼吸综合征病毒血症对受胎的影响还不清楚，但精液是猪繁殖与呼吸综合征病毒的重要传播方式之一。

③哺乳仔猪　在母猪表现繁殖障碍的期间，弱胎和正常胎儿的断奶前死亡率都高（可达60%）。几乎所有早产弱猪，在出生后的数小时内死亡。其余的猪在出生后的第一周死亡率最高，并且死亡可能延续到断奶和断奶以后。哺乳仔猪症状主要表现为精神沉郁、食欲不振、消瘦、外翻腿姿势、发热、呼吸困难。英国报道有猪繁殖与呼吸综合征导致持续水泻（抗生素治疗无效），也有报道感染仔猪出现震颤或划桨运动、前额轻微突起以及贫血等症状。

④断奶仔猪和育肥猪　断奶仔猪可表现厌食、精神沉郁、呼吸道症状、皮肤充血或发绀、皮毛粗糙、发育迟缓及同群个头差异大等。断奶仔猪单一的猪繁殖与呼吸综合征病毒感染

时，咳嗽不是常见症状；育肥猪和老龄猪受猪繁殖与呼吸综合征病毒感染影响较小，通常仅出现短时间的食欲不振、轻度呼吸系统症状及耳朵等末梢皮肤发绀现象。但在病程后期，常常由于多种病原的继发性感染（败血性沙门氏菌、链球菌性脑膜炎、支原体肺炎、增生性肠炎、萎缩性鼻炎、大肠杆菌病、疥螨等）而导致病情恶化、死亡率增加。

⑤高致病性猪蓝耳病　自2006年以来，高致病性蓝耳病（蓝耳病病毒变异株）在猪场引起很大的危害，与经典猪蓝耳病比较，高致病性猪蓝耳病的主要特征是发病猪出现41℃以上持续高热；发病猪不分年龄段均出现急性死亡；仔猪出现高发病率和高死亡率，发病率可达100%，死亡可达50%以上，母猪流产率可达30%以上。临床主要表现为发烧、厌食或不食，耳部、口鼻部、后躯及股内侧皮肤发红、淤血、出血斑、丘疹、眼结膜炎，咳嗽、气喘等呼吸道症状，后躯无力、不能站立，表现摇摆、圆圈运动、抽搐等神经症状，部分发病猪呈顽固性腹泻。由于发病急，病情重，所以对猪场的危害较大，发生之后几乎没有什么有效的治疗措施。

［病理变化］

①繁殖母猪和公猪　通常感染母猪的子宫、胎盘及胎儿无肉眼可见的明显变化。偶尔可见轻度淋巴-浆细胞性脑炎，轻度多灶性、组织细胞性、间质性肺炎和淋巴浆细胞性心肌炎。感染公猪无明显的特征性病变。

②新生仔猪　主要剖检表现为脾脏边缘或表面出现梗死灶。肺脏呈现红褐色花斑状，不塌陷，病健交界不明显。肾脏呈土黄色，表面可见针尖至小米粒大出血斑点。淋巴结中度到重度肿大，呈褐色，子宫颈淋巴结、胸腔上侧淋巴结和腹股沟淋巴结在尸体剖检中最明显。皮下、扁桃体、心脏、膀胱、肝

脏和肠道均可见出血点和出血斑。

③哺乳仔猪　大体可见肺脏呈重度多灶性乃至弥漫性黄褐色或褐色肝变，淋巴结肿大，腹腔、胸腔和心包腔清亮液体增多。

④育肥猪　大体病变与哺乳猪类似，但要轻微些，主要是淋巴结肿大，肺炎变化常常与混合感染有关。显微检查可见间质性肺炎。

⑤高致病性猪蓝耳病　肉眼主要特点为出血严重。表现为脏器广泛性出血：肺出血、淤血，以及以心叶、尖叶为主的灶性暗红色实变。扁桃体出血、化脓。脑出血、淤血、软化灶及胶冻样物质渗出。心肌出血、坏死。脾、淋巴结新鲜或陈旧性出血、梗死。肾表面和切面部分可见出血点、斑等。部分猪肝可见黄白色坏死灶或出血灶，肾表面凹凸不平，肠出血等。由于本病为免疫抑制病，发生本病后，容易继发感染其他疾病，所以在临床检查时往往病变比较复杂，只通过临床病变难以诊断。

[诊断要点]　根据流行病学、临床症状和病理变化可做出初步诊断，确诊需要进行实验室检测。

能引起流产的疾病比较多，病毒性的，细菌性的，衣原体性的和非传染性的均有，因此做好猪繁殖与呼吸综合征与其他能引起流产的疾病的鉴别诊断尤为重要，一般应注意与猪瘟、乙型脑炎、伪狂犬病、细小病毒病、布鲁氏菌病、弓形虫病等病的鉴别诊断。

①猪瘟　猪瘟是由猪瘟病毒引起的猪的一种急性、热性、败血性传染病，具有高度感染性，一旦发生即引起急性暴发，最先发病的猪只呈急性经过而死亡，发病率、死亡率都很高。剖检可见，全身皮肤、浆膜、黏膜和内脏器官有不同程度的出

血变化，全身淋巴结充血、出血，切面呈大理石样外观。脾脏出血性梗死为其特征性病理变化。盲肠、结肠特别是回盲口有纽扣状溃疡，俗称“烂肠瘟”。而猪繁殖与呼吸综合征主要以母猪繁殖障碍、仔猪断奶前后高死亡率、育肥猪呼吸道疾病为主要特点。

②流行性猪乙型脑炎　猪流行性乙型脑炎的病原为猪流行性乙型脑炎病毒，由于蚊子在其传播过程中起重要作用，因此发病高峰在7～9月份，一般妊娠母猪多超过预产期才分娩。死胎常会出现脑萎缩和脑积液等病理变化，打开颅腔后，发现呈由脑萎缩而造成的空腔或者是充满液体。

③伪狂犬病　二者均表现不孕、流产、木乃伊胎等繁殖障碍症状，但猪伪狂犬病在20日龄至2月龄仔猪表现为流鼻液、咳嗽、腹泻和呕吐，并出现神经症状，表现为后肢瘫痪等。但死于伪狂犬病的仔猪体表一般没有出血造成的颜色变化。

④猪细小病毒感染　二者均表现不孕、流产、木乃伊胎等繁殖障碍症状，但二者区别在于，猪细小病毒感染，初产的母猪多发，一般体温不高，一般50～70天感染时多出现流产。70天后感染的猪多能正常生产，该病不出现呼吸道症状，哺乳仔猪一般没有明显表现。

⑤猪布鲁氏菌病　二者均表现不孕、流产、死胎等繁殖障碍症状，二者的区别在于：猪布氏杆菌病引起流产较多，流产时胎儿体表粘有黄色絮片，一般发生流产的母猪可以正常受孕，下次不再发生流产。

⑥猪弓形虫病　二者均有精神不振、食欲减退、体温升高、呼吸困难等症状，但二者区别在于：猪弓形虫病发生后，猪体表广泛性出血，在身体下部、耳翼、鼻端出现淤血斑，严重的出现结痂、坏死。体表淋巴结肿大、出血、水肿、坏死。显微镜

检查红细胞不完整。

[**防控技术**]　目前对该病没有特效药物可以治疗。要建立一整套有效的管理策略，尽力切断或减少传染源，提高敏感猪的抗病能力，预防该病的发生，防止并发或继发感染。

①预防措施

一是建立和完善以卫生消毒工作为核心的猪场生物安全体系。做好清洁卫生和消毒工作，将卫生消毒工作落实到猪场管理的各个环节，通过生物安全体系的建立，最大限度地控制病原体的传入和猪场内病原体的传播，把疫病控制在最小范围内，将疫病的损失降到最低限度。由于猪繁殖与呼吸综合征具有高度的传染性，可通过粪、尿、鼻液等传播病毒，因此，每周至少带猪消毒 1～2 次，消毒前应用清水将猪舍冲洗干净，场区一般每月消毒 1 次。

二是防止从外界传入该病毒，加强饲养管理。购猪、引种前必须检疫，确认无该病后方可操作，新引进的种猪要隔离，规模化猪场应彻底实行全进全出，至少要做到产房和保育两个阶段的全进全出。

三是疫苗免疫。该病的疫苗免疫一直存在争议。有些人认为免疫疫苗可以起到预防该病的作用，但是也有些人认为免疫后反而发病率和死亡率会增高。免疫效果不确实的因素比较多，猪繁殖与呼吸综合征病毒的易变性、多毒株同时存在是疫苗免疫效果不确定的首要原因。另外，该病毒具有超强逃避或调控机体免疫监视的能力，使现有疫苗难以形成效力保护。该疫苗免疫后，还会发生一个很独特的现象，即在免疫后 2～3 周内，产生的为非中和抗体，对外界病毒没有抑制作用，反而该非中和抗体与感染初期产生的 N 蛋白抗体一同发挥的抗体依赖增强作用，即该非中和抗体不但不能抑制病毒，反而能促进感染的猪繁殖与呼吸综合征病毒的增殖速度，加重病情。但是该非中和抗体一般在4周左右就消失了，中和抗体的水平上升，从而对外界入侵的病毒有抵抗作用。所以假如在免疫疫苗后的3～4周内，猪场感染了猪繁殖与呼吸综合征病毒，一般病情会比非免疫猪场更加严重，但是假如在免疫4周以后猪繁殖与呼吸综合征病毒入侵，则可以起到一定的保护作用，比非免疫猪场发病轻微或者是不发病。这也就是为什么同样的免疫猪场，有的收到了免疫效果，有的发病更加严重。但是，由于免疫后对病毒起促进增殖作用的时间相对短，从整体考虑，免疫弱毒活疫苗弊大于利。

②*治疗措施* 目前尚无特效的治疗方法，可用下列方法减少损失。种母猪可用长效土霉素加干扰素治疗，产房仔猪和保育猪可用头孢噻呋加干扰素治疗，育肥猪一般用强力霉素、林可霉素加干扰素治疗，1天1次，共3～5次。另外可在饮水中添加5%葡萄糖、多维，并加大饮水量。使用药物不管是注射还是口服投药，要严格按照使用期限和使用剂量用药。

92. 如何防控猪细小病毒感染?

［**流行特点**］ 猪细小病毒感染在主要养猪地区广泛存在，呈地方性流行或散发。易感猪群初次感染时还可能呈现急性暴发，造成相当数量的头胎母猪流产、产死胎等繁殖障碍，尤其是在春、秋母猪产仔季节。感染的种猪及污染的猪舍是细小病毒的主要传染源。急性感染猪分泌物中的病毒经几个月后仍具有传染性。本病可发生水平传染和垂直传染。最常发生的感染途径是消化道、交配及胎盘感染。母猪发生流产时，死胎、木乃伊胎、子宫分泌物及活胎中均含有大量的病毒。公猪在该病的传播中也具有重要作用。急性感染阶段可

通过多种途径排毒，包括精液。本病有较高的感染性，易感的健康猪群中，病毒一旦传入，3 个月内几乎能导致 100%感染。感染群的猪只，较长时间保持血清学反应阳性。

［临床症状］ 仔猪和母猪急性感染一般没有典型的临床表现，主要的特征或仅有的临床反应是繁殖障碍，以头胎母猪居多。妊娠母猪产死胎、木乃伊胎、畸形胎及部分正常胎儿或少数弱胎。母猪可能再度发情，有时也可引起公、母猪不育。由于妊娠母猪感染时期不同，临床表现也有所差异，整个妊娠期感染均有可能发生流产，但以前、中期感染最易发生。感染的母猪可能重新发情而不分娩。在妊娠 30～50 天之间感染时，主要是产木乃伊胎；妊娠 50～60 天感染，多出现死胎；妊娠 70 天以上，则多能正常产仔，无其他明显症状。本病还可引起产仔瘦小、弱胎。

［病理变化］ 妊娠初期（1～70 日龄）是细小病毒增殖的最佳时期，在此阶段一旦感染细小病毒，则病毒集中在胎盘和胎儿中增殖，故胎儿出现死亡、木乃伊化、骨质溶解、腐败、黑化等病理变化，母猪流产。肉眼可见母猪有轻度子宫内膜炎变化，胎盘部分钙化，胎儿在子宫内有被吸收和溶解的现象。大多数死胎、死仔或弱仔皮肤和皮下充血或水肿，胸、腹腔积有淡红或淡黄色渗出液。肝、肺、肾有时肿大脆弱或萎缩发暗，个别死仔、死胎皮肤出血，弱仔出生后 10 小时先在耳尖，后在颈、胸、腹部及四肢末端内侧出现淤血、出血斑，半日内皮肤全部变紫而死亡。

［防控技术］ 本病无特效的治疗方法，应采取综合防制的方法。注意平时的环境卫生，搞好防疫工作，防止本病的传入。控制带毒猪传入猪场。在引进猪时应加强检疫，当 HI 抗体滴度在 1∶256 以下或阴性时，方可准许引进。引进猪应

隔离饲养2周后，再进行1次HI抗体测定，证实是阴性者，方可与本场猪混饲。对猪进行免疫接种有良好的预防效果。美国已研制成弱毒疫苗和灭活苗，对初产母猪进行免疫接种，能有效预防母猪感染细小病毒。灭活苗免疫期可达4个月以上。我国已研制出灭活疫苗，在母猪配种前1～2个月左右免疫，可预防本病发生。仔猪的母源抗体可持续14～24周，在Ⅲ抗体效价≥1∶80时可抵抗猪细小病毒感染。因此，在断奶时将仔猪从污染猪群移到没有本病污染的地区饲养，可以培育出血清阴性猪群。

一旦发病，应将发病母猪、仔猪隔离或淘汰。所有猪场环境、用具应严密消毒，并用血清学方法对全群猪进行检查，对阳性猪应采取隔离或淘汰，以防疫情进一步发展。

93. 如何防控猪流行性乙型脑炎？

［流行特点］ 猪感染率比较高，猪感染后出现病毒血症的时间较长，血中的病毒含量较高，雌蚊吸血过程中进一步传染该病，而且猪的饲养数量大，更新快，容易通过猪—蚊—猪等的循环，扩大病毒的传播，所以猪是本病毒的主要增殖宿主和传染源。本病主要通过带病毒的蚊虫叮咬而传播。猪不分品种和性别均易感，发病年龄多与性成熟期相吻合。本病在猪群中的流行特征是感染率高、发病率低，绝大多数在病愈后不再复发，成为带毒猪。在热带地区，本病全年均可发生。在亚热带和温带地区本病有明显的季节性，主要在夏季至初秋的7～9月份流行，这与蚊的生态学有密切关系。

［临床症状］ 常突然发病，体温升高达40℃～41℃，呈稽留热，精神沉郁，嗜睡，食欲减退，饮欲增加。粪便干燥呈球状，表面常附有灰白色黏液，尿呈深黄色。有的猪后肢轻度麻

痹，步态不稳，也有后肢关节肿胀感疼而跛行。个别表现明显神经症状，视力障碍，摆头，乱冲乱撞，后肢麻痹，最后倒地不起而死亡。

妊娠母猪常突然发生流产。流产前除有轻度减食或发热外，常不被人们所注意。流产多在妊娠后期发生，流产后症状减轻，体温、食欲恢复正常。少数母猪流产后从阴道流出红褐色乃至灰褐色黏液，胎衣不下。母猪流产后对继续繁殖无影响。

流产胎儿多为死胎或木乃伊胎，或濒于死亡。部分存活仔猪虽然外表正常，但衰弱不能站立，不会吮乳；有的生后出现神经症状，全身痉挛，倒地不起，1～3天死亡。有些仔猪哺乳期生长良莠不齐，同一窝仔猪有很大差别。

公猪除有上述一般症状外，突出表现是在发热后发生睾丸炎。一侧或两侧睾丸明显肿大，较正常睾丸大半倍到一倍，具有证病意义，但须与布鲁氏菌病相区别。患睾阴囊皱褶消失，温热，有痛觉。白猪阴囊皮肤发红，两三天后睾丸肿胀消退或恢复正常，或者变小、变硬，丧失制造精子功能。如一侧萎缩，尚能有配种能力。

[病理变化]　肉眼病变主要在脑、脊髓、睾丸和子宫。脑的病变与马相似。肿胀的睾丸实质充血、出血和坏死灶。流产胎儿常见脑水肿，腹水增多，皮下有血样浸润。胎儿大小不等，有的呈木乃伊化。牛、羊、鹿的脑组织学检查，均有非化脓性脑炎变化。

[防控技术]　预防流行性乙型脑炎，应从畜群免疫接种、消灭传播媒介两个方面采取措施。

一是免疫接种。患乙脑恢复后的动物可获得较长时间的免疫力。为了提高畜群的免疫力，可接种乙脑疫苗。马属动物和猪使用我国研制选育的仓鼠肾细胞培养的弱毒活疫苗，安全有效。预防注射应在当地流行开始前1个月内完成。应用乙脑疫苗，给马、猪进行预防注射，不但可预防流行，还可降低本动物的带毒率，既可控制本病的传染源，也为控制人群中乙脑的流行发挥作用。

二是消灭传播媒介。以灭蚊防蚊为主，尤其是三带喙库蚊。三带喙库蚊以成虫越冬，越冬后活动时间较其他蚊类晚，主要产卵和孳生地是水田或积聚浅水的地方，此时数量少，孳生范围小，较易控制和消灭。选用有效杀虫剂（如毒死蜱、双硫磷等）进行超低容量喷洒。对猪舍、羊圈等饲养家畜的地方，应定期进行喷药灭蚊。对贵重种动物畜舍必要时应加防蚊设备。

本病无特效疗法，应积极采取对症疗法和支持疗法。可静注20%甘露醇、25%山梨醇、10%葡萄糖等治疗脑水肿，降低颅内压，肌注30%安乃近，每天1次，每次20毫升。同时加强护理，可收到一定的疗效。

94. 如何防控猪衣原体病？

［流行特点］ 本病一般呈慢性经过，但在一定条件下也会急性暴发，表现为急性经过。猪衣原体病的发生呈散发、地方性流行。病猪和潜伏感染的带菌猪是本病的主要传染源。本病的发生与卫生条件差、饲养密度过高、通风不良、潮湿阴冷、饲料营养不全、饮水缺乏等因素有关。我国从20世纪80年代发现猪衣原体病至今，其在我国南方和北方的规模化猪场流行比较普遍，不同年龄、不同品种的猪群均可感染本病，尤其妊娠母猪和新生仔猪更为敏感，育肥猪在本地的平均感染率在10%～50%。

[**临床症状**]

①繁殖障碍　多发生在初产母猪，流产率可达40%以上。妊娠母猪感染衣原体后一般不表现出其他异常变化，只是在妊娠后期突然发生流产、早产、产死胎或产弱仔。感染母猪有的整窝产出死胎，有的间隔地产出活仔和死胎；弱产仔猪多在产后数日内死亡。妊娠母猪均无流产预兆，突然发生流产，流产胎儿多为死胎或干尸化；流产后分泌物恶露不尽，长达数日，个别母猪多次配种不孕；足月顺产仔猪中个别表现体弱，吮乳困难，6～8日内出现呼吸困难，腹泻，关节肿胀，消瘦，衰竭死亡，治愈者生长发育缓慢。本病多表现为尿道炎、睾丸炎、附睾炎，配种时，排出带血的分泌物，精液品质差，精子活力明显下降，母猪受胎率下降，即使受孕，流产死胎率明显升高。

②肺炎　多见于断奶前后的仔猪。患猪表现体温上升，无精神，颤抖，干咳，呼吸迫促，听诊肺部有啰音。鼻孔流出浆液性分泌物，进食较差，生长发育不良，死亡率高。

③肠炎　多见于断奶前后的新生仔猪。临床表现腹泻、脱水、吮乳无力，死亡率高。

④多发性关节炎　多见于架子猪。病猪表现关节肿大，跛行，患病关节触诊敏感。有的体温升高。

⑤脑炎　患猪出现神经症状，表现兴奋、尖叫，盲目冲撞或转圈运动，倒地后肢呈游泳状划动，不久死亡。

⑥结膜炎　多见于饲养密度大的仔猪和架子猪。临床表现畏光、流泪，视诊结膜充血，眼角分泌物增多，有的角膜混浊。

[**病理变化**]　流产胎衣水肿、出血；流产胎儿皮下组织水肿或胶样浸润；颈、背、四肢皮下淤血、出血，色暗红。

流产母猪剖检可见子宫内膜水肿、充血，分布有大小不一的坏死灶（斑）。腹腔内有多量红色积液，肺充血，肝、脾淤血、肿胀。患病种公猪睾丸变硬，有的腹股沟淋巴结肿大，输精管出血，阴茎水肿、出血或坏死。

对衣原体性肺炎猪剖检，可见肺肿大，肺表面布有许多出血点和出血斑，有的肺充血或淤血，质地变硬，在气管、支气管内有多量分泌物。

对衣原体性肠炎仔猪尸检，可见肠系膜淋巴结充血、水肿，肠黏膜充血、出血，肠内容物稀薄，有的红染，肝、脾肿大。

[防控技术]

①预防措施　一般情况下，选用猪衣原体油乳剂灭活苗免疫接种，种猪皮下注射 3 毫升，连续用 3 年，对正在发病的猪场或受危险的猪场，全场种猪群紧急接种猪衣原体油乳剂灭活苗 3 毫升。

②治疗措施　在饲料中添加土霉素，300～500 克/吨；在饮水中加入盐酸多西环素，100 毫克/升，连用 5 天。病情严重的肌内注射氧氟沙星注射液或磺胺类药物。

95. 如何防控猪渗出性皮炎？

[流行特点]　本病的主要致病因素是体表葡萄球菌所分泌的表皮脱落素，经皮肤创伤感染，并对皮肤造成不同程度的损伤，传播迅速，同窝仔猪可在短时间内相继感染发病。直接接触是主要的传播途径，母猪的皮肤、耳朵、乳头等处均藏有大量病菌，对不利条件有很强的抵抗力，故环境消毒要彻底。本病一年四季均可发生，但多发生于秋季、冬季、春季，尤其是哺乳仔猪和断奶仔猪。本病在机体抵抗力较弱、周边环境卫生条件较差时，很容易继发感染疥螨。

[临床症状] 病猪精神沉郁，初期在嘴部、眼睛、耳朵、肛门、肋腹等处皮肤发红，出现红褐色疹点，产生 3～4 毫米大小微黄色水疱，迅速破裂，渗出清凉或黄褐色的黏液，与皮屑、皮脂和污垢等混合发出恶臭味。后期体温升高，表皮增厚、干燥、龟裂，形成灰棕色痂皮，3～4 天扩展至全身，此时病猪呼吸困难、衰弱，出现伴有脱水症状的败血症而死亡。

[病理变化] 皮下有广泛的出血。肺充血。肾脏囊肿、苍白，肾盂和肾乳头常有灰白色或黄白色沉淀物。表层淋巴结肿胀。肝、脾、心脏等表面有大小不等的脓性坏死灶。淋巴结肿胀。

[诊断要点] 根据流行病学、临床症状和病理变化可做出初步诊断，确诊需要进行实验室检测。仔猪渗出性皮炎主要表现为皮炎的症状，要与猪沙门氏菌病、圆环病毒感染和猪丹毒引起的皮炎进行鉴别诊断。

①沙门氏菌病 沙门氏菌病可以引起病猪皮肤脱落、结痂，与仔猪渗出性皮炎有相似之处。但猪沙门氏菌病在仔猪表现为仔猪副伤寒，一般伴随着呼吸困难、体表出血和腹泻的症状，可以与仔猪渗出性皮炎鉴别诊断。

②猪圆环病毒 猪圆环病毒发生皮炎后，不但皮屑增多，而且皮肤表现苍白色或者黄染，体表淋巴结肿胀。剖检时可以发现脏器广泛性黄染。

③猪丹毒 慢性猪丹毒会引起皮炎的症状，但往往会伴随着体表出血、体温升高的症状，且猪丹毒病猪一般眼睛没有分泌物，不出现流泪、眼屎增多等现象。

[防控技术]

①预防措施 定期驱虫，全面而彻底消毒。加强饲养管理，减少各种应激，提高整体猪群的免疫力和抵抗力。病猪污

染的圈舍及养猪环境用2%～5%火碱空栏消毒，仔猪入栏前再彻底消毒1次。

②治疗措施　感染较轻的仔猪可用0.1%高锰酸钾水或其他消毒水浸泡5～10分钟，待痂皮发软擦拭干净，剥去痂皮，创伤处涂上敏感抗生素，有条件的猪场可以将抗生素掺在鱼肝油里涂在仔猪身上并加强保温，1天1次，连续3天。病猪同窝的所有仔猪使用抗生素治疗并辅以维生素B、维生素C等，严重的猪可以注射适量的地塞米松。在注射抗生素前，最好通过药敏试验，选择敏感的抗生素治疗。

96. 如何防控猪丹毒？

[流行特点]　本病一年四季均可发生，以夏季炎热、多雨季节流行最盛，5～9月是流行高峰，多呈地方性流行和散发。各年龄猪均可感染，以架子猪发病率最高，牛、羊、马、犬、鼠、家禽、鸟类以及人也能感染发病。主要经消化道、损伤皮肤、吸血昆虫传播。

[临床症状]

①急性败血型　以突然暴发为主，死亡率高。常见精神不振，体温达42℃～43℃不退，虚弱，卧地，不食，有时呕吐，结膜充血。后期出现下痢、耳、颈、背皮肤潮红、发紫。病程3～4天，病死率80%左右，不死者转为疹块型或慢性型。

②亚急性疹块型　病较轻，1～2天在身体不同部位，尤其胸侧、背部、颈部至全身出现界限明显，圆形、四边形，有热感的疹块，俗称“打火印”，指压褪色。疹块突出皮肤2～3毫米，大小1至数厘米，从几个到几十个不等，干枯后形成棕色痂皮。此外还表现口渴、便秘、呕吐、体温高等症状，也有不少病猪在发病过程中，症状恶化转变为败血型而死。病程1～2周。

③慢性型　由急性型或亚急性型转变而来，也有原发性，常见关节炎，关节肿大、变形、疼痛，跛行、僵直。皮肤出现结痂或者溃烂。溃疡性或椰菜样疣状赘生性心内膜炎。表现心律不齐、呼吸困难、贫血。病程数周至数月。

［病理变化］

①急性型　肠黏膜发生炎性水肿。胃底、幽门部严重。小肠、十二指肠、回肠黏膜上有小出血点。体表皮肤出现红斑。淋巴结肿大、充血。脾肿大呈樱桃红色或紫红色，质松软，边缘钝圆，切面外翻，脾小梁和滤泡的结构模糊。肾脏表面、切面可见针尖状出血点，肾肿大。心包积水，心肌炎症变化。肝充血，呈红棕色。肺充血肿大。

②疹块型　以皮肤疹块为特征变化。

③慢性型　溃疡性心内膜炎，二尖瓣上有灰白色菜花样赘生物，瓣膜变厚。肺充血。肾梗塞。关节肿大、变形。

［防控技术］

①预防措施　加强饲养管理和农贸市场、屠宰厂、交通运输检疫工作，对购入新猪隔离观察 21 天，对圈、用具定期消毒。预防免疫，种公、母猪每年春秋 2 次进行猪丹毒氢氧化铝甲醛苗免疫。育肥猪 60 日龄时进行 1 次猪丹毒氢氧化铝甲醛苗或猪瘟、猪丹毒、猪肺疫三联苗免疫 1 次即可。

②治疗措施　发生疫情应立即隔离治疗，并做好消毒。未发病猪用青霉素注射，每日 2 次，3～4 天为止。

五、寄生虫病防控技术

97. 猪场危害严重的寄生虫病有哪些？

主要有猪肠道线虫病、猪胃线虫病、姜片吸虫病、猪棘头虫病、猪绦虫病、猪囊虫病、细颈囊尾蚴病、棘球蚴病、猪旋毛虫病、猪肺虫病、猪肾虫病、猪疥螨病、猪蠕形螨病、猪虱病、弓形虫病、猪小袋纤毛虫病等。

98. 寄生于猪肠道的线虫主要有哪些？如何诊断与防治？

寄生于猪肠道的线虫主要有猪蛔虫、猪鞭虫（猪毛尾线虫）、猪结节虫（猪食道口线虫）、猪钩虫（猪球首线虫）、猪杆虫（蓝氏类圆线虫）等。

［生 活 史］

①猪蛔虫　寄生于猪小肠内。为黄白色或淡红色的大型线虫。雄虫长 150～250 毫米，直径约 3 毫米，尾端向腹面弯曲；雌虫长 200～400 毫米，直径约 5 毫米，尾端尖直。猪蛔虫卵随粪便排至体外后，在适宜的温度、湿度和充足氧气的环境中，发育为含幼虫的感染性虫卵，猪吞食了感染性虫卵而被感染。在小肠内幼虫逸出，钻入肠壁毛细血管，经门静脉到达肝脏后，经后腔静脉回流到左心，通过肺动脉毛细血管进入肺泡。幼虫在肺脏中停留发育，蜕皮生长后，随黏液一起到达咽，进入口腔，再次被咽下，在小肠内发育为成虫，自吞食感染性虫卵到发育为成虫，需 2～2.5 个月。猪蛔虫在宿主体内的

寄生期限为 7～10 个月。

②猪鞭虫(猪毛尾线虫)　寄生于猪的大肠,主要是盲肠。虫体呈乳白色鞭状,前部细长丝状(约占全长的 2/3)为食道部,后部粗短为体部。雄虫长 20～52 毫米,后端卷曲;雌虫长 39～53 毫米,后端钝直。鞭虫也是以感染性虫卵经口感染猪的。猪吞食了虫卵后,幼虫在小肠内逸出,钻入肠绒毛间发育,经一定时间后再移入结肠和盲肠内发育为成虫。自吞食感染性虫卵到发育为成虫,需 30～40 天。成虫寿命为 4～5 个月。

③猪结节虫(猪食道口线虫)　寄生于猪的结肠,幼虫可在肠壁形成结节。虫体为白色小线虫,雄虫长 6.5～9 毫米,雌虫长 8～13 毫米。猪结节虫卵随粪排出体外,在适宜的外界环境中发育为感染性幼虫,猪吞食了感染性幼虫而被感染。有的幼虫钻入大肠固有膜的深处形成结节,幼虫在结节中蜕皮后,重新返回肠腔发育为成虫。自吞食感染性幼虫到发育为成虫需 6～7 周。

④猪钩虫(猪球首线虫)　寄生于猪的小肠内。虫体淡红色,粗短。雄虫长 4～7 毫米,雌虫长 6～8 毫米。低倍显微镜下观察,口囊呈球形或漏斗状,口孔位于亚背位。猪钩虫也是以感染性幼虫感染猪的,可以经口感染,也可经皮感染。

⑤猪杆虫(蓝氏类圆线虫)　寄生于猪的小肠,主要在十二指肠黏膜。在猪体内仅有雌虫,白色纤细,长 3.1～4.6 毫米,直径 0.055～0.080 毫米。杆虫的生活史比较特殊,在猪体内寄生的雌虫营孤雌生殖,雌虫产出的含幼虫卵随粪便排出体外后,孵出杆状蚴(食道短,具有 2 个食道球)。在外界环境条件有利于虫体发育时,杆状蚴可发育成为营自生生活的雌虫和雄虫,雌雄交配后,雌虫产卵,孵出杆状蚴,再进一步发

育为具有感染力的丝状蚴(食道长,约占虫体长2/6,无食道球);在外界条件不利于虫体发育时,随粪排出的虫卵所孵出的幼虫,直接发育为具有感染力的丝状蚴。杆虫可经口感染,也可经皮感染。经皮感染时,按蛔虫的经路在体内移行。

[**临床症状**] 3～6个月龄的幼猪症状明显,逐渐消瘦,贫血,下痢及粪中带有黏液,生长发育受阻。

[**病理解剖**] 须根据剖检时的虫体数量、病变程度,结合生前症状和流行病学资料以及有无其他原发性或继发性疾病做出综合的判断。

[**实验室检查**] 可采用直接涂片法或饱和盐水浮集法检出粪便中的虫卵来确诊。各种虫卵的形态特征为:猪蛔虫卵,大小为60～70微米×40～60微米,黄褐色或淡黄色,短椭圆形,卵壳厚,最外层为凸凹不平的蛋白膜,卵内含一个圆形的卵胚;猪鞭虫卵大小为52～61微米×27～30微米,黄褐色,腰鼓形,卵壳厚,两端有透明的"塞"状构造,卵内含一个卵胚;猪结节虫卵大小为46～52微米×26～36微米,无色透明,椭圆形,卵壳薄,内含数个卵胚细胞;猪钩虫卵大小为58～61微米×34～42微米,形态与结节虫卵相似;猪杆虫卵大小为45～55微米×26～35微米,无色透明,椭圆形,卵壳薄,内含折刀样的幼虫。

[**防控技术**]

①定期驱虫　对2～6个月龄的仔猪,在断奶后驱虫1次,以后每隔1.5～2个月驱虫1次,这样可以减少仔猪体内的载虫量,降低外界环境的虫卵污染程度。治疗可选用:丙硫苯咪唑,每千克体重10毫克,混入饲料或配成混悬液给药;左旋咪唑,每千克体重8毫克,混入饲料或饮水中给药。

②消灭虫卵　猪的粪便和垫草清除出圈后,要运到距猪

舍较远的场所堆肥发酵或挖坑沤肥，以杀死虫卵。

③注意妊娠母猪产前及产后的管理　妊娠母猪应在妊娠中期进行1次驱虫，在临产前用肥皂热水彻底洗刷母猪体，除去身上的蛔虫卵，洗净后立即移至预先彻底消毒过的产房内，分娩后到放牧前母猪和仔猪一直放在产房内，饲养人员进产房必须换鞋，以防带入蛔虫卵。

④加强猪舍及运动场的卫生管理　猪舍应通风良好、阳光充足，避免阴暗、潮湿和拥挤。猪圈内要勤打扫、勤冲洗、勤换垫草，减少虫卵污染。运动场和猪舍周围，应于每年春末或秋初深翻1次或铲除1层表土，换上新土，并用石灰消毒。场内地面应保持平整，周围须有排水沟，以防积水。

⑤加强饲养管理　合理配合饲料，给予丰富的维生素，适当补充微量元素，以增强猪的抵抗力。保持饲料和饮水清洁，减少断奶仔猪拱土和饮污水的机会。大、小猪要分群饲养。

⑥投喂驱虫性抗生素　可在饲料中加入驱虫性抗生素添加剂，如潮霉素B、越霉素A。得利肥素为含2%越霉素A饲料添加剂的商品名，每吨饲料中添加得利肥素500克(含越霉素A 10毫克/千克)，每天饲喂，对猪蛔虫、猪鞭虫、猪结节虫均有良好的驱虫效果，有促进猪只生长、改善饲料效率的作用。

99. 寄生于猪胃的线虫主要有哪些？如何诊断与防治？

能引起猪胃虫病的线虫种类很多，主要有：红色猪圆虫、螺咽胃虫、环咽胃虫、奇异西蒙线虫及刚棘颚口线虫。它们存在于我国许多地区，常可引起猪急、慢性胃炎或溃疡。

[生 活 史]

①**红色猪圆虫** 虫体纤细，带红色，雌虫长4～7毫米，雄虫长5～10毫米。虫卵随粪便排出体外后发育为感染性幼虫。猪经口感染，幼虫到达胃腔后，侵入胃腺窝发育生长，约经半月重返胃腔变为成虫。

②**螺咽胃虫（圆形蛔状线虫）** 虫体淡红色，雄虫长10～15毫米，雌虫长12～22毫米。显微镜下鉴别特征为虫体咽壁呈螺旋形加厚。

③**环咽胃虫（六翼泡首线虫）** 形态与螺咽胃虫相似，雄虫长6～13毫米，雌虫长13～22.5毫米，显微镜下鉴别特征为虫体咽壁呈单弹簧状，中部为环形。

螺咽胃虫和环咽胃虫都需食粪甲虫作为中间宿主，虫卵随猪粪排出体外，被食粪甲虫吞食后，在其体内发育为感染期幼虫，猪在吞食了这样的甲虫后而被感染。

④**奇异西蒙线虫** 雌雄异形明显，雄虫呈线状，长12～15毫米，尾部呈螺旋状卷曲，游离于胃腔或部分埋入胃黏膜中；孕卵雌虫后端膨大呈球形，长15毫米，球形部嵌入胃壁小囊内，其纤细的前部突出于胃腔。奇异西蒙线虫也可能需要食粪甲虫作为中间宿主。

⑤**刚棘颚口线虫** 虫体淡红色，头端呈球状膨大，其上有9～12环小棘，全身都有小棘排列成环，雄虫长15～25毫米，雌虫长22～45毫米。刚棘颚口线虫需要剑水蚤作为中间宿主，随猪粪排出的虫卵，在水中发育成含幼虫的虫卵，并有少数幼虫逸出，虫卵或幼虫被剑水蚤吞食，在其体内发育成感染性幼虫，猪在采食水生植物或饮水时感染，含感染性幼虫的剑水蚤如被鱼类、两栖类、爬虫类等捕食，则成为搬运宿主。

[临床症状] 各种猪的胃虫轻度感染时，往往不呈现症

状，重症时由于虫体刺激胃黏膜或损伤胃壁而引起炎症和溃疡，例如颚口线虫的头部、西蒙线虫的尾部及红色猪圆虫幼虫均深埋于胃黏膜或胃壁内。可见病猪食欲不振，饮欲增加，消瘦，贫血，营养障碍，腹痛、呕吐，呈急、慢性胃炎症状。

［实验室检查］ 由于虫卵数量一般不多，不易在粪检中发现，故生前确诊比较困难。

［病理解剖］ 根据剖检病变及从胃内找出大量虫体做出确诊，例如红色猪圆虫寄生时，胃黏膜增厚形成不规则皱褶，具有广泛出血、糜烂和溃疡，上面附有大量黏液及牢固附着的虫体；刚棘颚口线虫寄生时，胃黏膜肥厚，虫体头部深入胃壁中，形成火山口样的溃疡。

［防控技术］

①*定期驱虫* 可试用丙硫苯咪唑口服，每千克体重用5～10毫克。

②*猪粪堆积发酵* 将粪便堆积封泥发酵，进行无害化处理。

③*停止放牧* 为防猪吃到食粪甲虫或剑水蚤等中间宿主，应改放牧为舍饲。

100. 如何防控猪肺虫病？

猪肺虫病（猪后圆线虫病）分布于全国各地，呈地方性流行。主要危害仔猪，引起支气管炎和支气管肺炎，严重时可引起大批死亡。

［生 活 史］ 病原体为长刺猪肺虫（长刺后圆线虫），寄生于猪的支气管和细支气管内。虫体呈细丝状，乳白色，雄虫长12～26毫米，交合刺2根，丝状，长达3～5毫米；雌虫长达20～51毫米。猪肺虫需要蚯蚓作为中间宿主。雌虫在支气

管内产卵，卵随痰转移至口腔被咽下（咳出的极少），随猪粪排到外界。虫卵被蚯蚓吞食后，在其体内孵化出第一期幼虫（有时虫卵在外界孵出幼虫，而被蚯蚓吞食），在蚯蚓体内，经10～20天蜕皮2次后发育成感染性幼虫。猪吞食了此种蚯蚓而被感染，也有的蚯蚓损伤或死亡后，在其体内的幼虫逸出，进入土壤，猪吞食了这种带有幼虫的泥土也可被感染。感染性幼虫进入猪体后，侵入肠壁，钻到肠系膜淋巴结中发育，再经2次蜕皮后，循淋巴系统进入心脏、肺脏。在肺实质、小支气管及支气管内成熟。自感染后约经24天发育为成虫，排卵。成虫寄生寿命约为1年。

[临床症状] 轻度感染的猪症状不明显。瘦弱的幼猪（2～4月龄）感染虫体较多时，症状严重，具有较高死亡率。病猪消瘦，发育不良，被毛干燥无光，阵发性咳嗽，在早晚、运动后或遇冷空气刺激时尤为剧烈，鼻孔流出脓性黏稠分泌物。严重病例呈现呼吸困难。病程长者，常成僵猪，有的在胸下、四肢和眼睑部出现水肿。

[实验室检查] 可用沉淀法或饱和硫酸镁溶液浮集法检查粪便中的虫卵。猪肺虫卵呈椭圆形，长40～60微米，宽30～40微米，卵壳厚，表面粗糙不平，卵内含一卷曲的幼虫。

[病理解剖] 剖检变化是确诊本病的主要依据。肺脏表面可见灰白色，隆起呈肌肉样硬变的病灶，切开后从支气管流出黏稠分泌物及白色丝状虫体，有的肺小叶因支气管腔堵塞而发生局限性肺气肿及部分支气管扩张。

[防控技术] 猪场应建在高燥干爽处，猪舍、运动场应铺水泥地面，防止蚯蚓进入。墙边、墙角疏松泥土要砸紧夯实，或换上砂土，构成不适于蚯蚓孳生的环境。按时清除粪便，进行堆肥发酵。

在流行地区，猪群于春秋各进行1次预防性驱虫。可用左旋咪唑，剂量为每千克体重8毫克，混入饲料或饮水中给药。运动场地可用1%烧碱水或30%草木灰水淋湿，既能杀灭虫卵，又能促使蚯蚓爬出，以便消灭它们。

101. 如何防控猪肾虫病？

猪肾虫病（猪冠尾线虫病），是我国南方各省严重危害养猪业发展的寄生虫病之一。常呈地方性流行。患病的幼猪生长迟缓，公猪"腰痿"不能配种，母猪不孕或流产，甚至可引起大批死亡。

［生活史］ 猪肾虫（冠尾线虫）为红褐色火柴杆样线虫，长2～4厘米。寄生在肾脏周围的脂肪组织及输尿管周围的包囊中，有时在肾盂、肝脏及胸腔脏器中也可以见到。包囊与输尿管相通，虫卵随病猪的尿排到外界，在适宜温、湿度条件下，经3～4天发育成感染性幼虫，经皮肤或口腔进入猪体，随血行到肝脏，穿透肝包膜到腹腔，最后到肾及输尿管周围的结缔组织中发育为成虫。

［临床症状］ 主要表现营养不良，受胎率低，腰部痿弱，不能交配等症状。重症病猪弓背，后躯无力，走路摇晃，有的后躯强拘，甚至麻痹，站立困难。母猪不发情，不孕或流产。尿黏稠，含有絮状物。

［实验室检查］ 对可疑病猪采尿进行虫卵检查。清晨第一次尿的最后排出部分检出率较高。由于猪肾虫卵较大，且黏性较大，故可采用自然沉淀，肉眼检查的方法。具体做法是：将采到的尿倒入清洁平皿中，将平皿放在黑色背景上，2～3分钟后观察皿底有无灰白色细小的虫卵。一般虫卵均匀附着于皿底，不易随尿液振荡而移动。如尿液混浊，或有异物混

杂不易辨认时，可将尿液全部倒掉，将皿底直立观察，虫卵凸出于皿底，容易看清。初学诊断时，可将观察到的虫卵置低倍显微镜下复查，肾虫卵大小为 90～120 微米×55～65 微米，无色，椭圆形，卵壳薄，卵内有几十个卵细胞。虫卵黏性大，因此，用过的器皿必须彻底洗净，以免误诊。

[防控技术] 在本病流行区，猪场中的全部猪连续经过 2～3 次虫卵检查，未发现肾虫卵的可认为是安全场。安全场应自繁自养，必需引进猪时，应隔离观察 5 个月以上，经尿检无病后方能合群饲养。有病情的猪场应执行下述各项综合防治措施：

一是管好猪尿，调教猪群在固定点大小便，防止病原污染猪舍及运动场等外界环境是预防工作的首要环节。

二是选择在高燥、阳光充足的地点修建猪舍。猪舍及运动场经常保持干燥。五六月份天气暖和，雨水充足，是肾虫卵最适宜的发育条件。因此，雨后必须待运动场晒干后，才放猪进去，运动场应经常翻耕，更换新土。

三是定期消灭外界环境中的病原，对不易保持干燥，常受猪尿污染的水泥、石板等不透水材料砌成的猪舍或运动场，可定期用开水冲烫消毒。对不适用热水消毒的场所，可用火焰喷射消毒。漂白粉具有较稳定的杀虫卵效力与实用价值，应使用新鲜干燥含有效氯 25％～30％（最低在 5％以上）的漂白粉，配制成含 1％有效氯溶液，应现用现配，每平方米面积运动场需喷药 500 毫升左右。夏季每隔 3～4 天喷 1 次，春秋季每周 1 次，冬季每月 1 次。

四是将病猪与健猪隔离，避免同舍、同运动场饲养。饲养员应检查猪尿液，观察猪健康状态，发现病猪应隔离治疗或肥育后屠宰处理。丙硫苯咪唑对猪肾虫有良好的驱虫效果，口服剂量为每千克体重 20 毫克或配成 5%玉米油混悬液腹腔注射，剂量为每千克体重 5～20 毫克。玉米油混悬液配制法：取 6 克丙硫苯咪唑、2 毫升吐温-80，加精制玉米油至 100 毫升，用 FS-250 型超声处理 20 分钟，再经流通蒸汽灭菌 1 小时，用前充分摇匀。

五是供应全价营养饲料，以增强猪体抵抗力，尤其应补充无机盐饲料，使猪不吃土，以减少感染机会。

102. 如何防控猪旋毛虫病？

旋毛虫病是一种重要的人兽共患寄生虫病，也是一种自然疫源性疾病，已知约有 100 多种动物在自然条件下可以感染旋毛虫病，包括肉食兽、杂食兽、啮齿类和人，其中哺乳动物至少有 65 种，家畜中主要见于猪和犬。我国河南、湖北猪的旋毛虫感染率最高。

［生 活 史］ 旋毛虫生活史的特点是，同一动物既是终宿主，又是中间宿主。当人或动物吃了含有旋毛虫幼虫包囊的肉后，包囊被消化，幼虫逸出钻入十二指肠和空肠的黏膜内，经 1.5～3 天即发育成成虫。成虫为白色前细后粗的小线虫，肉眼勉强可以看到。雄虫长 1.4～1.6 毫米，雌虫长3～4 毫米，雌雄交配后，雄虫死亡，雌虫钻入肠腺或黏膜下淋巴间隙中产幼虫。大部分幼虫经肠系膜淋巴结到达胸导管，入前腔静脉流入心脏，然后随血流散布到全身。横纹肌是旋毛虫幼虫最适宜的寄生部位，其他如心肌、肌肉表面的脂肪，甚至脑、脊髓中也曾发现过虫体。刚进入肌纤维的幼虫是直的，随后迅速发育增大，逐渐卷曲并形成包囊。包囊呈圆形或椭圆形，大小为 0.25～0.30 毫米× 0.40～0.70 毫米，眼观呈白色针尖状，包囊壁由紧贴在一起的两层构成，外层薄、内层厚，包

囊内含有囊液和1～2条卷曲的幼虫，个别可达6～7条。一般认为感染后3周开始形成包囊，5～6周甚至9周才完成。包囊在数月至1～2年内开始钙化，钙化包囊的幼虫仍能存活数年。

[临床症状] 自然感染的病猪无明显症状，生前诊断较困难，猪旋毛虫大多在宰后肉检中发现。

[实验室检查] 检查方法为采屠体两侧膈肌角各一小块。肉样重30～50克(与屠体编同一号码)，先撕去肌膜作肉眼观察，然后在肉样上顺肌纤维方向剪取24块小肉片(小于米粒大)，均匀地放在玻片上，再用另一玻片覆盖在上面并加压，使肉粒压成薄片，在低倍(40～50倍)显微镜下顺序进行检查，以发现包囊和尚未形成包囊的幼虫。新鲜屠体中的虫体及包囊均清晰；若放置时间较久，则因肌肉发生自溶，肉汁渗入包囊，幼虫较模糊，包囊可能完全看不清。此时，用美蓝溶液(0.5毫升饱和美蓝酒精溶液)染色。染色后肌纤维呈淡蓝色，包囊呈蓝色或淡蓝色，虫体不着色。对钙化包囊的镜检，可加数滴5%～10%盐酸或5%冰醋酸使之溶解，1～2小时后肌纤维透明呈淡灰色，包囊膨胀轮廓清晰。

本病生前诊断可采用酶联免疫吸附试验和间接血凝试验，可在感染后17天测得特异性抗体。

[防控技术]

①预防措施　第一要加强卫生宣传教育，普及预防旋毛虫病知识。第二，加强肉品卫生检验，定点屠宰，定点检疫。不仅要检验猪肉，还应检验狗肉及其他兽肉。对检出的屠体，应遵章严格处理。第三，防止人的感染，提倡各种肉类熟食。在流行区要防止旋毛虫通过各种途径对食品和餐具的污染，切生食和切熟食的刀和砧板要分开；沾有生肉屑的抹布、砧

板、刀、餐具等要洗净，否则不能用以接触食物。沾有生肉屑的手要洗净后才能吃东西，应养成吃东西前洗手的习惯。第四，防止猪的感染。不要以生的混有肉屑的泔水喂猪，猪要圈养，以免到处乱跑，吃到含旋毛虫幼虫的动物尸体、粪便及昆虫等，猪场应注意灭鼠，加强对饲料的保管，以免鼠类的污染，减少感染来源。

②*治疗措施*　猪旋毛虫病可用丙硫苯咪唑混饲（每千克饲料加入 0.3 克丙硫苯咪唑），连续饲喂 10 天，能彻底杀死猪旋毛虫。

103. 如何防控猪棘头虫病?

猪棘头虫病在我国各地呈地方性流行，8～10 月龄猪感染率较高，人也可感染本病。

［生 活 史］　危害猪的蛭状巨吻棘头虫为大型的虫体，雄虫长 7～15 厘米，雌虫长 20～68 厘米。虫体呈乳白色或粉红色，呈长圆柱形，前端粗，向后逐渐变细，体表有明显的环状皱纹。头端有 1 个可伸缩的吻突，吻突上有 5～6 列强大的向后弯曲的小钩。寄生部位是猪的小肠，主要是空肠，雌虫在小肠内产卵，虫卵随猪粪排到体外，被中间宿主——鞘翅目昆虫（天牛、金龟子等）的幼虫吞食后，在其体内发育成感染性幼虫（称为棘头囊）。当中间宿主发育为蛹和成虫时，棘头囊仍留在其体内，并保持感染力达 2～3 年。因此，猪吞食任何发育阶段的甲虫均可引起感染。中间宿主在猪消化道内被消化，棘头囊逸出，用吻突固着在小肠壁上，经 2.5～4 个月发育为成虫。成虫在猪体内的寿命为 10～24 个月。

［临床症状］　临床上 10 月龄以上猪受害严重，病猪食欲减退，发生刨地、互相对咬或匍匐爬行、不断哼哼等腹痛症状，

下痢，粪便带血。经1～2个月后，日益消瘦和贫血，生长发育迟缓，有的成为僵猪，有的因肠穿孔引起腹膜炎而死亡。

[实验室诊断] 实验室检查可采用直接涂片法或水洗沉淀法检查粪便虫卵。猪棘头虫卵深褐色，大小为80～100微米×42～56微米，正椭圆形，两端稍尖。卵壳厚，表面有许多小沟穴，很像核桃外壳。卵内含有棘头蚴。粪中发现虫卵即可确诊。

[病理变化] 剖检可见在小肠壁上叮附着的成虫及被虫体破坏的炎性病灶。

[防控技术] 猪只圈养可预防本病，尤其在六七月份甲虫类活跃季节，以防猪吃中间宿主；猪粪发酵处理，严格控制病猪粪对土壤的污染。

治疗本病的常用药品有：左旋咪唑，每千克体重10毫克，口服，或每千克体重4～6毫克，肌内注射。硝硫氰醚，每千克体重80毫克，一次口服，间隔2天重复喂1次，连续喂3次。流行地区的猪应定期驱虫，每年春秋各1次，以减少传染源。

104. 如何防控猪姜片吸虫病？

姜片吸虫病是我国南部和中部常见的一种人兽共患的吸虫病。本病对人和猪的健康有明显的损害，可以引起贫血、腹痛、腹泻等症状，甚至引起死亡。

[生 活 史] 布氏姜片吸虫寄生于人和猪的小肠内，以十二指肠为最多，偶见于犬和野兔，虫体背腹扁平，前端稍尖，后端钝圆，肥厚宽大，很像斜切下的生姜片，故称姜片虫。新鲜虫体呈肉红色，虫体大小常因肌肉伸缩而变化很大，一般长20～75毫米，宽8～20毫米，厚2～3毫米，姜片吸虫在小肠内产出虫卵，随粪便排出体外，落入水中孵出毛蚴；毛蚴钻入

中间宿主——扁卷螺体内发育繁殖，经过胞蚴、母雷蚴、子雷蚴各个阶段，最后形成大量尾蚴由螺体逸出；尾蚴附着在水生植物（如水浮莲、水葫芦、茭白、菱角、荸荠等）上，脱去尾部，分泌黏液并形成囊壁，尾蚴居其内，形成灰白色、针尖大小的囊蚴。猪生食了这种植物而被感染。囊蚴进入猪的消化道后，囊壁被消化溶解，童虫吸附在小肠黏膜上生长发育，约经3个月发育为成虫，虫体在猪体内的寿命为9～13个月。

［**临床症状**］ 病猪精神沉郁，低头拱背，消瘦，贫血，水肿（眼部、腹部较明显），食欲减退，腹泻，粪便带有黏液。幼猪发育受阻，增重缓慢。

［**实验室诊断**］ 检查常采用水洗沉淀法或直接涂片法检查虫卵。姜片吸虫卵淡黄色，卵圆形，两端钝圆，长130～145微米，宽85～97微米。卵壳较薄，卵盖不甚明显，卵黄细胞分布均匀，卵胚细胞1个，常靠近卵盖的一端或稍偏。姜片吸虫卵与肝片形吸虫卵极相似，难于区分，在两者均流行的地区，需依靠剖检来确诊。

［**病理变化**］ 剖检可见姜片吸虫吸附在十二指肠及空肠上段黏膜上，肠黏膜有炎症、水肿，点状出血及溃疡。大量寄生时可引起肠管阻塞。

［**防控技术**］ 一是每年对猪进行2次预防性驱虫，可减少传染源，驱虫后的粪便应集中处理，达到灭虫，灭卵的要求。目前常用的驱虫药有：硫双二氯酚，60～100千克以下的猪，每千克体重用100～150毫克；100～150千克以上的猪，每千克体重用50～60毫克，混在少量精料中喂服。此药无异味，喂服方便，一般服后出现腹泻现象，1～2天后可自然恢复正常。吡喹酮，每千克体重用50毫克，拌料内一次喂服。硝硫氰胺，每千克体重10毫克，拌料内一次喂服。

二是养猪场应建立贮粪池，猪粪应堆肥发酵，杀死虫卵后，再作肥料。应杜绝猪舍内的粪尿直接流入水生饲料池塘内，也要防止虫卵因雨水、排灌等情况而流入池塘内，以免扁卷螺受到毛蚴的感染。

三是消灭中间宿主——扁卷螺，根据扁卷螺不耐干旱的生物学特性，于每年秋、冬季节，通过挖塘泥晒干积肥来杀灭。低洼地区或塘水不易排干时，可采用化学药物灭螺。灭螺时间选在5～6月份，即在螺已大量繁殖，而姜片吸虫尾蚴尚未发育成熟之前将螺灭掉，据试验，0.5～1/10000浓度茶籽饼或1/200000浓度硫酸铜，现场施用可杀灭绝大多数扁卷螺，施药前要做好塘水测量、截流等准备工作。也可采用生物学灭螺的办法：放养鸭或黑鲩鱼、鲤鱼、非洲鲫鱼等肉食性鱼类，均能吞食大量扁卷螺。

四是合理处理水生植物饲料。将附在水生植物上的囊蚴杀灭，是防止猪感染姜片吸虫的一种有效措施。虽然有自然晒干、阳光照射和煮沸等多种方法。但实际应用时都有一定困难，并难以杀灭所有的囊蚴，而青贮发酵是较好的方法。据试验，水生饲料青贮发酵1个月以后，囊蚴可全部被杀死，用来喂猪无一发生感染。

105. 如何防控猪囊尾蚴病(猪囊虫病)？

猪囊尾蚴病是全国重点防治的人兽共患寄生虫病之一，它不仅给养猪业造成重大经济损失，而且严重威胁人体健康，本病在我国东北、华北、西南各地较广泛流行。

［生 活 史］ 猪囊虫是寄生在人体的有钩绦虫的幼虫。患猪是人绦虫的中间宿主。猪囊虫为白色半透明、黄豆大的囊泡，囊壁为薄膜状，囊内充满透明的液体，囊壁上可见1个

绿豆大的白色头节，猪囊虫寄生在肌肉内，以舌肌、咬肌、肩腰部肌、股内侧肌及心肌较为常见，严重时全身肌肉以及脑、肝、肺甚至脂肪内也能发现。有囊虫寄生的猪肉称为“米猪肉”、“豆猪肉”和“米糁子猪”。猪囊虫也可在人体内寄生。人吃了未煮熟的囊虫病猪肉或误食了沾有囊虫头节的生冷食品而感染有钩绦虫病。囊虫进入人的小肠后，在肠液作用下，伸出头节吸附在肠壁上，约经 2 个月发育为成熟的有钩绦虫。有钩绦虫又称猪肉绦虫或链状带绦虫。人是有钩绦虫唯一的终宿主。有钩绦虫寄生在人的小肠内，呈白色带状，长 2～4 米，虫体由 700～1 000 个节片组成，头节很小，仅粟粒大，节片由前向后逐渐变大，后端的节片长 3 厘米，宽 1 厘米，里面含有很多虫卵（3 万～5 万个）叫孕卵节片。成熟的孕卵节片不断脱落，随粪便排出人体。猪吃了孕卵节片或节片破裂后逸出的虫卵，在小肠内，虫卵里的幼虫（六钩蚴）逸出，钻入肠壁，经血流或淋巴到达身体各部，约经 10 周发育为囊虫。人如吃了带有钩绦虫卵的食物或本身有绦虫寄生，在恶心呕吐时孕卵节片由小肠逆行到胃，可引起囊虫病。因此人既是有钩绦虫的终宿主，又可成为它的中间宿主。

［临床症状］ 猪感染囊虫一般无明显症状。极严重感染的猪可能有营养不良、生长迟缓、贫血和水肿等症状。某些器官严重感染时可能出现相应的症状。如侵害与呼吸有关的肌群、肺和喉头时，出现呼吸困难、声音嘶哑和吞咽困难等症状；寄生于眼的，有视力障碍甚至失明症状；寄生于脑的，有癫痫和急性脑炎症状甚至死亡。病猪两肩显著外张，臀部不正常的肥胖宽阔而呈哑铃状或狮体状体形。

［病理变化］ 宰后检验一般靠肉眼发现囊虫，主要检验部位为咬肌、深腰肌和膈肌，其他可检部位为心肌、肩胛外侧

肌和股部内侧肌。

［**实验室诊断**］ 用于诊断猪囊虫病的免疫学方法已有许多种，较常用的有间接血凝试验及酶联吸附试验等。

［**防控技术**］ 防治猪囊虫病，必须采取“驱、管”结合的综合性防制措施。

驱——吡喹酮和丙硫苯咪唑对猪囊虫病有较好的治疗效果。吡喹酮，每千克体重 50 毫克，1 天 1 次，连用 3 天，口服或以液状石蜡配成 20%悬液，肌内注射。应用吡喹酮治疗后，囊虫出现膨胀现象，故对重症患猪应减少剂量，或分多次给药，以免引起死亡。丙硫苯咪唑，每千克体重 60～65 毫克，以橄榄油或豆油配成 6%悬液，肌内注射；或每千克体重 20 毫克，口服，隔 48 小时再服 1 次，共服 3 次。

管——要求人有厕所猪有圈。猪要圈养，人粪要进行无害化处理后再作肥料，尤其是疫源区要坚决杜绝猪吃人粪。

106. 如何防控猪棘球蚴病(包虫病)?

棘球蚴病是由细粒棘球绦虫的幼虫引起的疾病。幼虫主要寄生在羊、猪、牛和骆驼等家畜及人的各种脏器内。牧区发生较多，是我国危害严重的人兽共患寄生虫病之一。

［**生 活 史**］ 棘球蚴最常见于肝和肺，此外也可见于心、肾、脾、肌肉、胃等全身各脏器组织内。棘球蚴为 1 个近似球形的囊，由豌豆大至小儿头大，囊内充满囊液，棘球蚴最表面包围 1 层结缔组织膜，其内为囊壁，共分两层：外层为角质层，呈乳白色，较厚；内层为胚层(生发层)，较薄。胚层向囊内长出许多头节样的原头蚴，有的原头蚴逐渐成为空泡状，并长大而成为育囊(生发囊)，原头蚴和育囊可自胚层脱落而悬浮于囊液中，很像砂粒，称为棘球砂。也有的棘球蚴囊内无原头

蚴，称为无头棘球蚴（不育囊），可能系缺少胚层所致。棘球蚴的成虫——细粒棘球绦虫寄生在犬、狼等肉食动物的小肠内。犬、狼等吞食了含有成熟棘球蚴的脏器组织而被感染，原头蚴在终宿主小肠内经7～10周发育为成虫。细粒棘球绦虫虫体很小，全长仅2～6毫米，由1个头节和3～4个节片组成。寄生在终宿主小肠内的棘球绦虫数量是很多的，一般为数百至数千条，这是因为1个发育良好的棘球蚴内可含有多达200万个原头蚴。棘球绦虫的孕节或虫卵随终宿主粪便排到体外，污染食物、饮水、饲料或牧场。孕节或虫卵被中间宿主（哺乳动物或人）吞食后，虫卵内的六钩蚴逸出，钻入肠壁，随血流和淋巴液传布到全身各组织器官中停留下来，缓慢地生长发育为棘球蚴。棘球蚴的发育比较缓慢，经5个月生长直径仅达10毫米，一般经数年后，直径可达数十厘米。

［诊断要点］ 棘球蚴病生前诊断较困难，一般都在宰后发现。免疫诊断法为生前诊断较可靠的方法，较常用的为皮内试验，应用棘球蚴囊液作为抗原，给动物皮内注射0.1～0.2毫升，5～10分钟后如出现0.5～2厘米的红斑并有肿胀时即为阳性，具有70%左右的准确性。

［防控技术］ 防治棘球蚴病严格管理家犬，对必需留养的各种用途的犬，要定期驱虫，以消灭病原。药物驱虫法如下：吡喹酮，每千克体重6毫克，内服，对未成熟或孕卵虫体有100%杀灭效果；氢溴酸槟榔碱，每千克体重1毫克内服，对多数感染细粒棘球绦虫的犬有明显的驱虫作用，但对个别犬无效，增大剂量至每千克体重用2毫克，可达99%的驱虫效果，但此剂量可使个别犬发生中毒反应，用时应慎重。驱虫前应停喂，驱虫后一定要把犬拴住，以便收集排出的粪便和虫体，彻底销毁，才不致传布病原。直接参与驱虫的工作人员，应注

意个人防护。

要严格屠宰场的卫生管理，禁止在猪场内养犬，严格执行肉品卫生检验制度，妥善处理病猪脏器，只有在煮熟后才可当作饲料。在牧区野外屠宰时，病猪内脏也必须煮熟方可喂犬。

常与犬接触的人员，尤其是儿童，应注意个人卫生习惯，防止从犬的被毛等处沾染虫卵，误入口内而感染。

107. 如何防控猪细颈囊尾蚴病（细颈囊虫病）？

细颈囊尾蚴俗称水铃铛、水泡虫，是寄生在犬及其他野生肉食兽小肠内的泡状绦虫的幼虫，主要寄生在猪及牛、羊、骆驼等家畜的腹腔内。本病流行很广，主要影响中、小猪的生长发育和增重，严重感染时，可引起仔猪死亡。

［生 活 史］ 细颈囊尾蚴呈囊泡状，大小随寄生时间长短而不同，自豌豆大至小儿头大，囊壁乳白色半透明，内含透明囊液，透过囊壁可见 1 个向内生长而具有细长颈部的头节，它寄生于猪、牛，羊等多种家畜及野生动物的肝脏、浆膜、网膜、肠系膜及腹腔内，严重感染时可寄生于肺脏。当终宿主——犬等吞食了含有细颈囊尾蚴的脏器后，在小肠内虫体头节伸出并吸附在肠黏膜上，发育为成虫——泡状绦虫。泡状绦虫呈白色或稍带黄色，长 75～200 厘米，由 250～300 个节片组成。猪等中间宿主吞食了随病犬粪便排出的虫卵而被感染，虫卵中的六钩蚴在肠内逸出，钻入肠壁血管，随血流到肝实质，以后逐渐移行到肝脏表面或从肝表面落入腹腔而附着于网膜或肠系膜上，经 3 个月发育成具有感染性的细颈囊尾蚴。

［诊断要点］ 病畜有消瘦、腹围增大等症状，在急性期

的肝组织或腹腔穿刺物中可能找到幼虫。剖检在肝脏、肠系膜上可发现细颈囊尾蚴。

[**防控技术**] 预防措施可参照棘球蚴病。治疗可选用吡喹酮，每千克体重用 50 毫克(将吡喹酮与灭菌的液状石蜡按 1∶6 的比例混合研磨均匀)，分两次深部肌内注射，每次间隔 1 天；或以每千克体重 50 毫克剂量，内服，连用 5 天。

108. 如何防控猪绦虫病?

猪绦虫病在我国分布很广，陕西、江苏、福建、云南、吉林等 10 多个省市都已发现有本病的存在。猪绦虫也可寄生于人，也是一种人兽共患寄生虫病。

[**病原及生活史**] 猪绦虫病的病原为克氏伪裸头绦虫(曾误称盛氏许壳绦虫)，寄生于猪的小肠内，也可寄生于人。虫体扁平，乳白色，全长 100～160 厘米，由 2 000 个左右节片组成，节片的宽均大于长，最大宽度约为 1 厘米。已证实我国克氏假裸头绦虫的中间宿主为食粪性甲虫——褐蜉金龟，它在泥土结构猪圈和畜禽粪堆中广泛存在。通过人工感染试验证实，粮食害虫——赤拟谷盗也可作为它的中间宿主。

[**诊断要点**] 病猪的症状为毛焦、消瘦、生长发育迟缓，严重的可引起肠道梗阻。剖检可在小肠内找到虫体。

生前诊断可根据粪检发现虫卵来确诊。虫卵为棕色、圆形，大小为 82～82.5 微米× 72～76 微米，内含明显的六钩蚴。

[**防控技术**] 及时清除猪粪，粪便发酵杀死虫卵可预防本病。

治疗可选用吡喹酮，剂量为每千克体重 20～47 毫克；硫双二氯酚，剂量为每千克体重 80～100 毫克。

109. 如何防控猪弓形虫病？

弓形虫病是一种世界性分布的人兽共患原虫病，在人、畜及野生动物中广泛传播，人群和动物中的感染率有时很高，猪暴发弓形虫病时，常可引起整个猪场发病，死亡率可高达60％以上。

［**病原及生活史**］　弓形虫病的病原是龚地弓形虫，简称弓形虫，它的整个发育过程需要两个宿主。猫是弓形虫的终宿主，在猫小肠上皮细胞内进行类似子球虫发育的裂体增殖和配子生殖，最后形成卵囊，随猫粪排出体外，卵囊在外界环境中，经过孢子增殖发育为含有 2 个孢子囊的感染性卵囊。

弓形虫对中间宿主的选择不严，已知有 200 余种动物，包括哺乳类、鸟类、鱼类、爬行类和人都可以作为它的中间宿主，猫亦可以作为弓形虫的中间宿主。在中间宿主体内，弓形虫可在全身各组织脏器的有核细胞内进行无性繁殖，急性期时形成半月形的速殖子（又称滋养体）及许多虫体聚集在一起的虫体集落（又称假囊）；慢性期时虫体呈休眠状态，在脑、眼和心肌中形成圆形的包囊（又称组织囊），囊内含有许多形态与速殖子相似的慢殖子。动物吃了猫粪中的感染性卵囊，或含有弓形虫速殖子、包囊的中间宿主的肉、内脏、渗出物、排泄物和乳汁而被感染。速殖子还可通过皮肤、黏膜途径感染，也可通过胎盘感染胎儿。

［**主要症状**］　本病症状与猪瘟十分近似。病初体温高达40.5℃～42.0℃，稽留 7～10 天。精神委顿，减食或不食。粪干而带有黏液；离乳小猪多腹泻，粪呈水样，无恶臭。稍后呈现呼吸困难，常呈腹式呼吸或犬坐姿势呼吸，吸气深，呼气浅短；有时有咳嗽和呕吐，流水样或黏液鼻液。腹股沟淋巴结肿

大。末期耳翼、鼻盘、四肢下部及腹下部出现紫红色淤斑。最后呼吸极度困难，后躯摇晃或卧地不起，体温急剧下降而死亡。孕猪往往发生流产或死胎。有的病猪耐过急性期后，症状逐渐减轻，遗留咳嗽，呼吸困难及后躯麻痹、运动障碍、斜颈、癫痫样痉挛等神经症状。有的耳廓末端出现干性坏死，有的呈现视网膜脉络膜炎，甚至失明。

[病理变化] 剖检可见肺稍膨胀，暗红色带有光泽，间质增宽，有针尖至粟粒大的出血点和灰白色坏死灶，切面流出多量带泡沫的液体。全身淋巴结肿大，灰白色，切面湿润，有粟粒大灰白色或黄色的坏死灶和大小不一的出血点。肝脏肿大，硬度增加，有针尖大的坏死灶和出血点。肾脏和脾脏亦有坏死灶和出血点。盲肠和结肠有少数散在的黄豆大至榛实大浅溃疡，淋巴滤泡肿大或有坏死，胸腹腔积液增多。

[实验室诊断] 可以采取以下方法：

①*涂片检查* 可采取胸、腹腔渗出液或肺、肝、淋巴结等做涂片检查，其中以肺脏涂片背景较清楚，检出率较高。涂片标本自然干燥后，甲醇固定；姬氏液或瑞氏液染色后，置显微镜油镜下检查。弓形虫速殖子呈橘瓣状或新月形，一端较尖另一端钝圆，长 4～7 微米，宽 2～4 微米，胞浆蓝色，中央有一紫红色的核。有时在宿主细胞内可见到数个到数十个正在繁殖的虫体，呈柠檬形、圆形、卵圆形等各种形状，被寄生的细胞膨胀，形成直径达 15～40 微米的囊，即所谓假囊，或称虫体集落。

②*小白鼠腹腔接种* 取肺、肝、淋巴结等病料，研碎后加 10 倍生理盐水（每毫升加青霉素 1 000 单位和链霉素 100 毫克），在室温中放置 1 小时，接种前振荡，待重颗粒沉底后，取上清液接种小白鼠腹腔，每只接种 0.5～1 毫升，接种后观察

20 天，若小白鼠出现被毛粗乱，呼吸促迫症状或死亡，取腹腔液及脏器作抹片染色镜检。初代接种的小白鼠可能不发病，可于 14～20 天后，用被接种的小白鼠的肝、淋巴结、脑等组织按上法制成乳剂、盲传 8 代，若从小白鼠腹腔液中发现虫体，判为阳性；如仍不发病，则判为阴性。

③血清学诊断　国内应用较广的为间接血凝试验，猪血清间接血凝凝集价达 1∶64 时判为阳性，1∶256 表示最近感染，1∶1 024 表示活动性感染。通过试验发现，猪感染弓形虫 7～16 天后，间接血凝抗体滴度明显上升，20～30 天后达高峰，最高可达 1∶2 048，以后逐渐下降，但间接血凝阳性反应可持续半年以上。

[防控技术]　猪场内应开展灭鼠活动，同时禁止养猫，发现野猫应设法消灭。加强饲草、饲料的保管，严防被猫粪污染。勿用未经煮熟的屠宰废弃物作为猪的饲料。

病猪场和疫点也可采用磺胺-6-甲氧嘧啶，或配合甲氧苄胺嘧啶连用 7 天进行药物预防，可以防止弓形虫感染。

磺胺类药对本病有较好的效果，如与增效剂联合应用效果更好，常选用下列配方：

方 1：磺胺嘧啶(SD)加三甲氧苄氨嘧啶(TMP)或二甲氧苄氨嘧啶(DVD)，前者每千克体重用 70 毫克，后者每千克体重用 14 毫克，每天 2 次，口服，连用 3～4 天。

方 2：磺胺-6-甲氧嘧啶(SMM，又名 DS-36)每千克体重 60～100 毫克，单独口服，或配合甲氧苄氨嘧啶，每千克体重 14 毫克，口服，每日 1 次，连用 4 次，首次倍量。

方 3：12%复方磺胺甲氧吡嗪注射液[SMPZ(5)∶TMP(1)]，每千克体重用 60～100 毫克(实用 10 毫升/头)，每日肌内注射 1 次，连用 4 次。

猪场发生本病时，应全面检查，对检出的患畜和隐性感染动物应进行登记和隔离，对良种病猪应采用有效药物进行计划治疗，对治疗耗费超过经济价值，隔离管理又有困难的病猪，可屠宰淘汰处理。据试验，猪肉加热66℃10分钟或-20℃下冰冻24小时，可以杀死弓形虫的包囊，对病猪舍、饲养场用1%来苏儿或3%烧碱液或火焰等进行消毒。

110. 如何防控猪小袋纤毛虫病?

猪小袋纤毛虫病流行于饲养管理较差的猪场。多见于仔猪，呈下痢、衰弱、消瘦等症状，严重者可导致死亡，常与猪瘟、沙门氏菌病等传染病并发。人也可感染结肠小袋纤毛虫。

[病原及生活史] 猪小袋纤毛虫病的病原为结肠小袋纤毛虫，主要寄生于猪的结肠，其次为直肠和盲肠。虫体生活史分滋养体及包囊两个阶段。滋养体呈椭圆形，一般长50～200微米，宽30～100微米。虫体表面有许多纤毛，排列成略带斜形的纵行，纤毛做规律性运动，使虫体以较快速度旋转向前运动。虫体内有大、小核各一。大核大多位于虫体中央，呈肾形；小核甚小，呈球形，位于大核的凹陷处。虫体内还有伸缩泡和食物泡。包囊呈圆形或椭圆形，直径40～60微米，囊壁厚而透明，淡黄色或浅绿色，在新形成的包囊内，可清晰见到滋养体在囊内活动，但不久即变成一团颗粒状的细胞质。

当猪吞食了被包囊污染的饮水或饲料后，囊壁在肠内被消化，包囊内虫体脱囊而出，转变为滋养体，进入大肠，以淀粉、肠壁细胞、红细胞、白细胞、细菌等肠内容物为食料。一般情况下，结肠小袋纤毛虫为共生者，仅在宿主消化功能紊乱或肠黏膜有损伤时，虫体才乘机侵入肠组织，引起溃疡。虫体以横二分裂法进行繁殖，部分滋养体变圆，其分泌物形成坚韧的囊壁包围虫体，成为包囊，随宿主粪便排出体外。包囊抵抗力较强，常温(18℃～20℃)能存活20天，－6℃～－28℃能存活100天。

［**临床症状**］ 患病仔猪精神沉郁，喜躺卧，体温有时升高，食欲减退或废绝，腹泻，先半稀、后水泻，带有黏膜碎片和血液，有恶臭，成年猪除粪便附有血液和黏液外，一般无症状。

［**病理变化**］ 剖检可在结肠和直肠上发现溃疡性肠炎病变，并可检查出虫体。黏膜上的虫体比肠内容物中多。检查粪便时可见到滋养体或包囊。

［**防控技术**］ 防治本病第一要搞好猪场的环境卫生和消毒工作；第二要管好猪粪、人粪，避免污染饮水、食物和饲料；第三要及时隔离治疗病猪。治疗方法：卡巴胂，0.25～0.5克，1日2次，连用10天。碘牛乳，即牛乳1 000毫升，加入碘和碘化钾溶液(碘片1克，碘化钾1.5克，水1 500毫升)100毫升，混入饮水中给予。其他如土霉素、金霉素、四环素、黄连素等也可应用。

111. 如何防控猪疥螨病?

螨病俗称疥癣、癞，是一种接触传染的寄生虫病。主要是由病猪与健猪的直接接触，或通过被螨及其卵污染的圈舍、垫草和饲养管理用具间接接触，而引起感染。幼猪有挤压成堆躺卧的习惯，这是造成本病迅速传播的重要因素。此外，猪舍阴暗、潮湿，环境不卫生及营养不良等均可促进本病的发生和发展。秋冬季节，特别是阴雨天气本病蔓延最快。

［**病原及生活史**］ 疥螨(穿孔疥虫)寄生在猪皮肤深层由虫体挖凿的隧道内。虫体很小，肉眼不易看见，大小为0.2～0.6毫米，呈淡黄色龟状，背面隆起，腹面扁平，腹面有4

对短粗的圆锥形肢,虫体前端有一钝圆形口器。疥螨的口器为咀嚼型,在宿主表皮挖凿隧道,以皮肤组织和渗出的淋巴液为食,在隧道内发育和繁殖。疥螨全部发育过程都在宿主体内渡过,包括卵、幼虫、若虫、成虫4个阶段,离开宿主体后,一般仅能存活3周左右。

[临床症状] 螨病幼猪多发。病初从眼周、颊部和耳根开始,以后蔓延到背部、体侧和股内侧,剧痒,病猪到处摩擦或以肢蹄搔擦患部,甚至将患部擦破出血,以致患部脱毛、结痂,皮肤肥厚形成皱褶和龟裂。

[实验室诊断] 可采取患部皮肤上的痂皮,检查有无虫体。检查方法:在患部与健部交界处,用手术刀刮取痂皮,直到稍微出血为止,将刮到的病料装入试管内,加入10%苛性钠(或苛性钾)溶液,煮沸,待毛、痂皮等固体物大部分溶解后,静置20分钟,由管底吸取沉渣,滴在载玻片上,用低倍显微镜检查,发现疥螨的幼虫、若虫和虫卵即可确诊。

[防控技术]

①*预防措施* 预防螨病,第一要搞好猪舍卫生工作,经常保持清洁,干燥,通风。进猪时,应隔离观察,防止引进螨病病猪;第二,发现病猪应立即隔离治疗,以防止蔓延。在治疗病猪同时,应用杀螨药物彻底消毒猪舍和用具,将治疗后的病猪安置到已消毒过的猪舍内饲养。为了使药物能充分接触虫体,最好用肥皂水或来苏儿水彻底洗刷患部,清除硬痂和污物后再涂药。由于大多数治螨药物对螨卵的杀灭作用差,因此需治疗2～3次,每次间隔6天,以杀死新孵出的幼虫。

②*治疗措施* 治疗螨病的药物和处方很多,现介绍几种,供选用:0.025%～0.05%蝇毒磷药液洗擦患部,或用喷雾器喷淋猪体;烟叶或烟梗1份,加水20份,浸泡24小时,再煮1

小时后涂擦患部；废机油涂擦患部，每日 1 次。50 毫克/升溴氰菊酯溶液（商品名倍特）间隔 10 天喷淋 2 次，每头猪每次用 3 升药液。

112. 如何防控猪蠕形螨病（毛囊虫病、脂螨病）？

［**病原及生活史**］　猪蠕形螨寄生于猪的毛囊或皮脂腺内。虫体狭长如蠕虫样，呈半透明乳白色，一般体长 0.25～0.3 毫米，宽约 0.04 毫米。外形上可以区分为头、胸、腹三部分。头部（假头）呈不规则四边形，有短喙状的刺吸式口器，胸部有 4 对很短的足；腹部长，表面有明显的横纹。

蠕形螨的全部发育过程都在宿主皮肤中进行，包括卵、幼虫、两期若虫和成虫。雌虫产卵于毛囊内，卵无色透明呈蘑菇状，卵孵化出 3 对足的幼虫。幼虫蜕化变为 4 对足的若虫，若虫蜕化变成成虫。本病的发生主要由于病猪与健猪互相接触，通过皮肤感染。

［**临床症状**］　本病一般先发生于眼周围、鼻部和耳基部，而后逐渐向其他部位蔓延，痛痒轻微或没有痛痒，仅在病变部出现针尖、米粒甚至核桃大的白色囊，囊内含有很多蠕形螨，若有细菌严重感染时，则成为单个的小脓肿。有的病猪皮肤增厚、不洁，凹凸不平而盖以皮屑，并发生皱裂。

［**实验室检查**］　本病早期诊断较困难，在可疑情况下，可切破皮肤上的结节或脓疱，取其内容物做涂片镜检。

［**防控技术**］　对病猪隔离治疗，可采用下述药物：14% 碘酊，涂擦 6～8 次。白降汞 6 克，硫磺 10 克，石炭酸 100 克，氧化锌 20 克，淀粉 16 克，凡士林 100 克，混合局部涂擦。伊维菌素，0.2 毫升/千克体重，皮下注射，间隔 9～10 天再用药

1次。此外，一切被污染的场所和用具均应消毒。

113. 如何防控猪虱病？

[病原及生活史] 猪虱多寄生于耳基部周围、颈部、腹下、四肢内侧。猪虱较大，体长4～5毫米，背腹扁平，呈灰白色或灰黑色。分头、胸、腹三部，头部较胸部窄，有1对短触角，口器为刺吸式，胸部3节融合，生有3对粗短的足，足的末端为发达的爪；腹部由9节组成，雄虱末端圆形，雌虱末端分叉。猪虱终生不离开猪体，整个发育过程包括卵、若虫和成虫3个阶段。若虫和成虫都以吸食血液为生，雌雄交配后，雄虱死亡，雌虱经2～3天后开始产卵，每昼夜产1～4个卵，一生能产50～80个卵，产完卵后死亡；卵呈长椭圆形，黄白色，大小为0.8～1毫米×0.3毫米，有胶质黏着在毛上，卵经9～20天孵出若虫；若虫分3龄，每隔4～6天蜕化1次，经3次蜕化后变为成虫。自卵发育到成虫需30～40天，每年能繁殖6～16个世代。猪虱离开猪体后，通常在1～10天内死亡。

[诊断要点] 猪虱吸血时，分泌有毒唾液引起痒觉，病猪到处擦痒，造成皮肤损伤、脱毛，在寄生部位容易发现成虫和虱卵，故易于诊断。

[防控技术] 可参照猪疥螨病的防治办法。

六、其他疾病防控技术

114. 如何防控黄曲霉毒素中毒?

[病　因]　猪黄曲霉毒素中毒是由于采食被黄曲霉毒素污染的饲料而引起的一种危害极大的中毒病。主要破坏肝脏、血管和中枢神经,病猪表现全身出血、消化障碍和神经症状等。

[临床症状]　黄曲霉毒素中毒可分为急性、亚急性和慢性3种,大多数属于亚急性。多发于2～4月龄,仔猪渐进性食欲下降,口渴,并有异食癖,便血,生长缓慢,发育停滞,皮肤充血、出血。病情若继续发展,则表现间歇性抽搐,过度兴奋,黄疸,角弓反张,临死前惊叫,全身瘫软,四肢划动呈游泳状,妊娠猪可发生流产、死胎,但体温始终正常。若是急性中毒,则呈现贫血和出血,心外膜和心内膜有明显的出血斑点。而慢性中毒,会造成孕猪产死胎或畸形胎。

[病理变化]　胸、腹腔和心包内有黄色或棕红色积液,有的积液中带有少量纤维素。肝脏稍肿大、坚硬、边缘钝圆,呈土黄或苍白色,表面有米粒或绿豆大突出的灰黄色坏死灶。胆囊皱缩,胆汁浓稠,呈黄绿色或墨绿色胶状。严重腹水。急性死亡者,胃内充满食糜,胃黏膜尤其大弯底部充血;小肠全段充满血性食糜,颜色由红到黑呈煤焦油状,有的混有游离血块,肠黏膜脱落,肠壁变薄。凡小肠充气严重者,肠腔内出血亦严重。全身淋巴结水肿,呈黄色切面多汁。肾淡黄色,膀胱内有浓茶样积尿。心冠脂肪呈胶冻状。肺表面凹凸不平,间

质增宽，有斑块状实质性病变，呈小叶性肺炎。脑膜轻度水肿充血及少量出血点，有的脑血管明显怒张。

［诊断要点］ 根据临床症状和剖检可以做出初步诊断。确诊需要进行实验室诊断。目前，针对黄曲霉毒素的检测方法主要有高效薄层色谱法（TLC）、高效液相色谱（HPLC）法、荧光计和酶联免疫（ELISA）法。

［防控技术］

①预防措施　预防玉米收获前后和贮藏过程发霉，同时加强对采购玉米的质量把关。对采购的玉米，严格检查质量和水分，发生霉变的坚决退回。水分含量超标的晒干后重新装袋或加工。玉米成熟后要及时收获，彻底晒干，通风贮藏，避免发霉。玉米轻微霉变时，最好添加脱霉剂如霉可脱0.2～0.4千克/吨，或霉吸安0.5千克/吨。玉米严重霉变时，可以采用去毒方法，一般可用物理学方法、化学方法和生物学方法。常采用的是物理学方法：

a. 水洗法　霉变玉米在流水中冲洗，冲洗后及时晒干，去毒效果可达90%以上。

b. 烘烤法　使用旋转烘干器以260℃烘烤被毒素污染的玉米，可使黄曲霉毒素含量下降85%。

c. 紫外线法　可用太阳光照射。照射时间越长效果越好，晒14小时以上，去霉率可达80%以上。用高压泵灯紫外线大剂量照射，去霉率可达95%以上。

d. 熏蒸法　利用山苍子油等芳香油在60℃条件下对被毒素污染的玉米进行熏蒸，可对黄曲霉毒素B_1起解毒去毒作用。这样可在一定程度上降低玉米中黄曲霉毒素的含量，减少中毒。

②治疗措施　发现本病后应立即停止饲喂发霉变质的饲

料，改用新鲜、含维生素丰富的饲料。本病无特效解毒疗法。采取排除毒物、解毒保肝、止血、强心等措施。应用维生素C、葡萄糖、抗生素、维生素B、硫酸钠等药物，禁用磺胺类药物。

115. 如何防控棉籽饼粕中毒？

[病　因]　棉籽或棉籽油、饼的萃取物中有多种棉酚色素或衍生物，包括棉酚、棉紫素和棉绿素等。棉籽饼中棉酚的含量因棉籽加工方式不同而异。日粮中维生素和矿物质(尤其是维生素A及铁和钙)缺乏以及其他过度刺激均可促使中毒发生或使病情加重。此外，妊娠母畜和幼畜对棉酚比较敏感，幼畜也可能因哺乳而摄入棉酚，发生中毒。

[临床症状]　病猪精神沉郁，行动困难，四肢乏力，走路摇摆；消化功能紊乱，病初食欲下降，后期食欲废绝，胃肠蠕动音减弱，粪球干并带有黏液或血，偶见有几头排水样带血粪便；尿量少而带黄色。呼吸急促，呈明显的腹式呼吸，流鼻涕，肺部听诊有湿性啰音；眼睑肿胀，流泪，可视黏膜发绀，个别出现结膜炎。有的喜欢饮水，发生呕吐，昏睡。病程长短不一，病情严重者在发现症状的当天即死亡，也有2～3天内死亡的；病程稍长者延至半月至30天死亡。妊娠母猪发生流产。

[病理变化]　胸、腹腔积红色渗出液。胃肠道有出血性炎症。肝脏充血、肿大，色黄。肾肿大，有出血点。膀胱有出血性炎症。肺充血、水肿。心内外膜有出血点。结缔组织浸润。全身淋巴结肿大。

[诊断要点]　依据食棉籽饼的病史、胃肠炎等症状及相应的病理变化，可确诊。

[防控技术]

①预防措施　饲喂前对棉籽饼进行适当处理，如将棉籽

饼加热蒸煮1小时以上或在80℃～85℃温碱水中浸泡6～8小时。或用0.1%～0.2%硫酸亚铁溶液浸泡棉籽饼24小时。限制棉籽饼的饲喂量。日粮中成年猪不超过1千克，3月龄小猪不超过100克。增加饲料中蛋白质、矿物质、维生素的含量。蛋白质含量越高，中毒率越低。严禁饲喂腐败发霉的棉籽饼。

②*治疗措施*　立即停喂含棉籽饼的饲料。用2%～3%的碳酸氢钠溶液反复洗胃，洗后内服硫酸镁导泻。用10%葡萄糖溶液和维生素C静脉注射，以增强心脏功能，补充营养和解毒。在饲料中加喂少许食盐、大蒜等，并给予大量饮水，对症状有缓解作用。

116. 如何防控菜籽饼中毒？

[病　因]　未经适当处理的油菜籽饼喂猪可引起中毒。

[临床症状]　病猪精神萎靡，站立不稳，频频做排尿状，有的排血尿，腹痛，腹泻，便中带血，耳尖、蹄部发凉，口鼻等可视黏膜发紫，两鼻孔流出粉红色泡沫样液体，呼吸增数、困难，心跳加快，体温不变或偏低。

[病理变化]　肠黏膜有充血和点状出血。胃内有少量凝血块。肾出血。肝混浊肿胀。心内、外膜均有点状出血。肺水肿和气肿。血液如漆样，凝固不良。

[诊断要点]　根据饲喂菜籽饼病史和典型的中毒症状，可确诊。

[防控技术]　菜籽饼喂猪前先进行粉碎，之后在温水中浸泡8～12小时，将水倒去，再加水煮沸1小时，其间不断搅拌，使毒素挥发出去。

病猪每头灌服0.1%高锰酸钾溶液500毫升或鸡蛋清3

个。也可用甘草 60 克,绿豆 300 克,煎水灌服,每日 1 次。

117. 如何防控亚硝酸盐中毒?

[病　因]　常作为猪青绿饲料的蔬菜,如小白菜、大白菜、油菜、菠菜、萝卜等,均含有一定量的硝酸盐。过多施用氮肥的土壤中,硝酸盐含量可达 1%~3%,在这种土壤上生长的蔬菜会有较高的硝酸盐含量。这些蔬菜若蒸煮不透,焖煮不搅拌,在 40℃~60℃下放置过久,在去氮菌还原酶的作用下,其所含硝酸盐将迅速转变为亚硝酸盐;或因青绿饲料长期堆放而发霉、腐烂,发酵产热促使亚硝酸菌大量生长繁殖,而使硝酸盐大量转化为亚硝酸盐。硝酸盐的毒性较小,但亚硝酸盐的毒性很大。猪食入的饲料中含亚硝酸盐达 70~75 毫克/千克体重时,即可中毒死亡。

[临床症状]　患猪突然不安,呕吐,口鼻流淡红色泡沫状液体,走路摇晃、转圈,呼吸困难,脉搏快速,肌肉震颤,瞳孔散大,结膜苍白,耳、鼻皮肤初呈灰白继而变为褐色,全身及四肢末梢冰凉,刺破耳静脉和断尾流出少量暗紫色血液,体温偏低,重者末期四肢痉挛或全身抽搐,嘶叫,昏迷,窒息死亡。死猪腹胀,口、鼻端呈深紫色,皮肤青紫色伴苍白色。

[病理变化]　死猪血液凝固不良。胃肠道有不同程度充血、出血。肝、肾呈暗红色。肺与气管、支气管充血,气管内有多量粉红色泡沫状液体。心包膜有出血斑。

[实验室检查]　取呕吐物和菜叶汁分别滴在 2 片滤纸上,滴加 10%联苯胺 1 滴,再加 10%醋酸 1 滴,滤纸即变棕色,证明呕吐物及残余菜叶有亚硝酸盐存在。

[诊断要点]　根据临床症状,结合剖检的病理变化及实验室结果,可确诊。

［防控技术］　采取耳尖及尾尖放血法缓解中毒症状。静脉注射5%葡萄糖溶液250毫升，0.1克/10毫升的亚甲兰注射液1.5毫升/千克体重，维生素C 3克，重症病例2～3小时重复用药1次。心脏衰弱时可适量注射樟脑、安钠加等。

118. 如何防控食盐中毒?

［病　因］　食盐是猪饲料的重要成分之一，一般应占日粮的0.5%～1%。但如果饲喂过量，如饲喂含盐量过高的剩菜汤，饲料中添加过多的鱼粉、酱渣等，就可导致食盐中毒。成年猪一次食入50克以上的食盐就会发生中毒。此外，治疗便秘、霉菌中毒等病时配合饲喂过量的硫酸钠，也可引发此病。

［临床症状］　病初，病猪食欲减退或废绝，精神沉郁，黏膜潮红，体温在39℃左右，主要表现为饮欲增加，瘙痒、便秘或下痢。随后患猪呕吐，大量流涎，口吐白沫，四肢痉挛，肌肉震颤，呼吸困难，来回转圈或冲撞，猛顶墙壁，听觉和视觉障碍，刺激无反应，严重的进一步发展为癫痫样痉挛，间隔发作，头颈高抬，呈现犬坐姿势，头部急剧前后抽动，出现明显的神经症状。最后病猪角弓反张，一侧卧地，四肢呈游泳状搐动，一般1日内死亡。

［病理变化］　死猪可视黏膜发绀。皮肤干燥、脱水。肌肉呈暗红色。喉头发绀，舌发紫。颌下淋巴结基本正常。两肺大叶边缘充血变黑。肝肿增厚，质地变硬，呈灰白色。胃肠黏膜充血、出血，严重的出现溃疡。脑膜水肿、充血。肾脏呈紫色。

［诊断要点］　根据发病情况，结合临床症状和病理变化可确诊为猪食盐中毒。

[防控技术] 发生中毒时立即停喂原饲料，并给猪群提供大量清洁饮水，保持猪群安静并及时采取治疗措施：用0.5%～1%鞣酸溶液洗胃，或内服1%硫酸铜50～100毫升催吐，再内服白糖150～200克或面粉糊、牛奶、植物油等保护胃肠黏膜。静脉注射10%葡萄糖酸钙60～100毫升，50%高渗葡萄糖60～100毫升，皮下注射10%安钠加5～10毫升，严重病例应重复用药1次。樟脑磺酸钠5～10毫升、25%维生素C 2～4毫升静脉注射，必要时8～12小时用药1次。抑制狂躁兴奋不安，用25%硫酸镁20～40毫升肌注。病程稍长者，有脑水肿可能，用甘露醇100毫升(25千克体重)加5%葡萄糖100～200毫升静脉注射。对本病还可采用中药治疗。葛粉、葛根、葛薯、生葛各250～300克，茶叶30～50克，加水1 500～2 000毫升，煮沸30分钟左右，常温灌服，2次/天。

119. 如何防控有机磷农药中毒？

[病　因] 有机磷农药主要有1605、1059、3911、乐果、敌百虫、敌敌畏等。病猪主要是食用了被农药污染的饲料、饮水等，或不正规地使用农药驱虫而导致中毒。人为投毒也是病因之一。

[临床症状] 主要表现为胆碱能神经兴奋，大量流涎，口吐白沫，骚动不安。也有的流鼻液及眼泪，眼结膜高度充血，瞳孔缩小，磨牙，肠蠕动音亢进，呕吐，腹泻，肌肉震颤，全身出汗。病情加重时，呼吸加快，眼斜视，四肢软弱，卧地不起。若抢救不及时，常会发生肺水肿而窒息死亡。个别慢性经过的病猪，无瞳孔缩小及腹泻等剧烈症状，只是四肢软弱，两前肢腕部屈曲跪地，欲起不能，尚有食欲，病程5～7天，如不及时解救最终死亡。

[病理变化] 以肝、肾、脑的变化较明显,肝脏充血、肿胀,小灶性肝坏死,胆汁淤积,肾脏有淤血,脑出现水肿、充血。肺水肿,气管及支气管内有大量泡沫样液体,肺胸膜有散在出血点。心肌、肌肉、胃肠黏膜出血,胃内容物有大蒜味(经口中毒者)。

[诊断要点] 根据病史,结合临床症状和病理变化可做出诊断。

[防控技术]

①*预防措施* 不用有机磷农药污染的饲料和饮水喂猪,使用农药驱除猪体内、外寄生虫时,应严格控制药物剂量,以防中毒。

②*治疗措施* 使用特效解毒药,尽快除去未吸收的毒物,配合对症治疗。解磷定,0.02～0.05 克/千克体重,溶于 5%葡萄糖生理盐水 100 毫升中,静脉注射或腹腔注射,注意使用时忌与碱性溶液配用。双复磷,0.04～0.06 克/千克体重,用盐水溶解后,皮下、肌内或静脉注射。1%硫酸阿托品注射液 5～10 毫升,皮下注射。以上 3 种药物应根据猪体的大小与中毒程度酌情增减,注射后要观察瞳孔变化,在第一次注射后 20 分钟,如无明显好转应重复注射,直至瞳孔散大,其他症状消失为止。

在使用解毒剂的同时或稍后,应采取除去体内未吸收毒物的措施。经口进入体内中毒的,可用硫酸铜 1 克口服,催吐;或用 2%～3%碳酸氢钠或食盐水洗胃,并灌服活性炭。若因皮肤涂药引起的中毒,则应用清水或碱水冲洗皮肤,但须注意,敌百虫不能用碱水洗胃和洗皮肤,否则,会转变成毒性更强的敌敌畏。

120. 如何防控灭鼠药中毒?

[病　因]　猪的灭鼠药中毒比较少见,主要是因误食灭鼠毒饵或被毒鼠药污染的饲料和饮水所致,个别还见于人为投毒破坏造成。

[临床症状]　黏膜苍白,吐血,便血,鼻出血,广泛的皮下血肿,肌肉出血。关节肿胀,步态蹒跚,共济失调,虚弱,心律失常,呼吸困难,昏迷而急性死亡。

[病理变化]　剖检可见全身各部大量出血。常见出血部位为胸腔纵隔腔,关节和血管周围组织皮下组织,脑膜下和椎管,胃肠及腹腔等。心肌松软,心内、外膜下出血。肝小叶中心坏死。病程长的病例,组织黄染。

[诊断要点]　灭鼠药中毒的诊断有一定的困难,主要依据是否接触灭鼠药如安妥、磷化锌、氟乙酰胺或华法令等病史,结合各类灭鼠药中毒后的临床特征和病理特征,参考特效解毒药的治疗效果进行综合分析,做出初诊。确诊要测定饲料、胃肠内容物、血液及脏器内灭鼠药的有毒成分。

[防控技术]　抗凝血类灭杀鼠药中毒者,首先选用维生素 K_1 解除凝血障碍,出血严重者,应输血和输液,以补充血容量,还要采取适当的镇静、缓解呼吸困难等对症治疗。

121. 如何防控维生素 A 缺乏症?

[病　因]

①*原发性缺乏*　日粮中维生素 A 原或维生素 A 含量不足。如含维生素 A 原的青绿饲料供应不足,或长期饲喂含维生素 A 原极少的饲料,如亚麻籽饼、甜菜渣、萝卜、棉籽饼等。饲料加工贮存不当,或贮存时间过长,使维生素 A 被氧化破

坏,造成缺乏。饲料中磷酸盐、亚硝酸盐和硝酸盐含量过多,将加快维生素 A 和维生素 A 原分解破坏,并影响维生素 A 原的转化和吸收,磷酸盐含量过多还可影响维生素 A 在体内的贮存。中性脂肪和蛋白质含量不足,影响脂溶性维生素 A、维生素 D、维生素 E 和胡萝卜素的吸收,使参与维生素 A 转运的血浆蛋白合成减少。由于妊娠、泌乳、生长过快等原因,使机体对维生素 A 的需要量增加,如果添加量不足,将造成缺乏。

②继发性缺乏 胆汁有利于脂溶性维生素的溶解和吸收,还可促进维生素 A 原转化为维生素 A,由于慢性消化不良和肝胆疾病,引起胆汁生成减少和排泄障碍,影响维生素 A 的吸收,造成缺乏。肝功能紊乱,也不利于胡萝卜素的转化和维生素 A 的贮存。

另外,猪舍日光不足、通风不良,猪只缺乏运动,常可促发本病。

[临床症状] 病猪表现为皮肤粗糙,皮屑增多,呼吸器官及消化器官黏膜常有不同程度炎症,出现咳嗽、腹泻等,生长发育缓慢,头偏向一侧。重症病例表现共济失调,多为步态摇摆,随后失控,最终后肢瘫痪。有的猪还表现行走僵直、脊柱前凸、痉挛和极度不安。后期发生夜盲症,视力减弱和干眼。妊娠母猪常出现流产和死胎,或产出的仔猪失明、畸形,全身性水肿,体质衰弱,很容易发病和死亡。

[病理变化] 骨的发育不良,长骨变短,颜面骨变形,颅骨、脊椎骨、视神经孔骨骼生长失调。被毛脱落,皮肤角化层厚,皮脂溢出,皮炎。生殖系统和泌尿系统的变化表现为黏膜上皮细胞变为复层鳞状上皮,眼结膜干燥,角膜软化甚至穿孔,神经变性坏死,如视乳头水肿,视网膜变性。妊娠母猪胎

盘变性，公猪睾丸退化缩小，精液品质不良。

［诊断要点］ 根据病史调查，存在日粮维生素 A 不足，或有影响维生素 A 吸收障碍等情况，具有夜盲、干眼、角膜角化、繁殖机能障碍、惊厥等神经症状及皮肤异常角化等临床特征，再结合测定血浆和肝中维生素 A 及胡萝卜素含量等做出诊断。

［防控技术］

①预防措施 改换饲料，补充维生素 A 制剂，保证饲料中含有充足的维生素 A 或胡萝卜素，消除影响维生素 A 吸收利用的不利因素。

②治疗措施 内服鱼肝油或肌内注射维生素 A 制剂，疗效良好。维生素 AD 滴剂，仔猪 0.5～1 毫升，成年猪 2～4 毫升，口服。维生素 AD 注射液，母猪 2～5 毫升，仔猪 0.5～1 毫升，肌内注射。浓鱼肝油，0.4～1 毫升/千克体重，内服。鱼肝油，成年猪 10～30 毫升，仔猪 0.5～2 毫升，内服。过量维生素 A 会引起猪的骨骼病变，使用时剂量不要过大。

122. 如何防控维生素 B_1 缺乏症？

［病　因］ 饲料中硫胺素含量不足，动物体不能贮存硫胺素，只能从饲料中供给。当动物长期缺乏青绿饲料而谷类饲料又不足时，如母猪泌乳、妊娠、仔猪生长发育、慢性消耗性疾病及发热过程，出现相对性供应不足或缺乏。继发性是由于饲料中存在干扰硫胺素作用的物质，患慢性腹泻等。

［临床症状］ 病猪消瘦，皮肤干燥，被毛粗乱，无光泽，食欲减退，有的呕吐，前期多见便秘，似羊粪样小球，后期常变为腹泻，单肢或多肢跛行，步态僵硬，站立困难，震颤发抖，对刺激反应迟钝，精神不振，喜卧，呈疲劳状态。有的阵发性痉

挛。体温变化不大。发病缓慢,病程在7天以上。

[**诊断要点**]　根据病史和临床上消化不良、食欲不振,麻痹、痉挛、运动障碍等神经症状,以及硫胺素治疗效果显著,可以做出诊断。

[**防控技术**]

①预防措施　饲喂符合营养需要的全价配合日粮,并注意搭配细米糠、麸皮、豆类、青菜、青草等多含维生素 B_1 的饲料,可防止该病的发生,进而促进猪健康快速地生长发育。

②治疗措施　若猪已发生该病,应停喂原来饲料,改喂富含维生素 B_1 的全价配合饲料,同时给病猪肌内注射维生素 B_1 注射液,体重50千克以下的猪剂量为250～600毫克,每日2次,连用3～5天。

123. 如何防控维生素 B_2 缺乏症?

[**病　因**]　本病主要是由于饲料中维生素 B_2 含量不足引起,如长期单纯饲喂谷物及副产品,而缺乏青草、苜蓿、酵母等富含核黄素的饲料。饲料的加工、调制、贮存方法不当也可造成维生素 B_2 的破坏。此外,患胃肠疾病时,影响肠道对维生素 B_2 的吸收,可继发维生素 B_2 缺乏症。

[**临床症状**]　当维生素 B_2 缺乏时,患猪食欲不振或废绝,生长缓慢,被毛粗糙无光泽,全身或局部脱毛,皮肤变薄、干燥,出现红色斑疹、鳞屑,甚至溃疡。该病常发生于病猪的鼻端、耳后、下腹部、大腿内侧,初期有黄豆大至指头大的红色丘疹,破溃后形成黑褐色痂。临床上可见呕吐、腹泻、溃疡性结肠炎、肛门黏膜炎以及步态僵硬、行走困难等。母猪在繁殖或泌乳期间食欲废绝,早产、死产或畸形胎;新生仔猪衰弱,一般在出生后48小时内死亡。

［诊断要点］ 根据病史和患猪生长发育不良、角膜炎、皮炎、皮肤溃疡等临床症状，结合核黄素治疗效果显著，可做出诊断。

［防控技术］

①预防措施 预防本病可在每吨饲料中添加核黄素 2～3 克。另外，饲料要合理搭配，保证妊娠母猪或带仔母猪的营养平衡。

②治疗措施 口服或肌内注射维生素 B_2，每头猪 0.02～0.03 克，每日 1 次，连用 3～5 天。在治疗的同时饲喂青绿多汁饲料，可促进病猪的康复。

124. 如何防控维生素 K 缺乏症？

［病　因］ 若长期服用抗菌药物，即消灭了肠道内的菌系，可发生维生素 K 缺乏。而一些原发病如黄疸，或长期腹泻，使脂肪类物质吸收发生障碍，也可导致维生素 K 吸收受阻，从而出现维生素 K 缺乏症。

［临床症状］ 表现食欲不振、衰弱、感觉过敏、贫血及凝血时间延长等。

［诊断要点］ 通常根据饲养管理情况、临床症状和病理解剖学变化等进行初步诊断。猪只是否误食凝血杀鼠药或者长期使用磺胺类药、抗球虫剂、双香豆素拮抗剂，是否发生黄曲霉毒素 B 中毒，是否患有肝胆疾病和弥漫性小肠疾病等，调查了解日粮中维生素 K 含量，母体中维生素 K 水平的测定，以及通过检测凝血时间，凝血酶原的测定等可以做出确诊。

［防控技术］ 在饲料中添加维生素 K，每千克饲料 1～2 毫克，并配合适量青绿饲料、鱼粉、肝脏等富含维生素 K 及其

他维生素和无机盐的饲料。应注意维生素K不能过量使用，以免中毒。

125. 如何防控维生素E缺乏症？

[病　因]　维生素E广泛存在于动植物性饲料中，其化学性质很不稳定，易受许多因素的作用而被氧化破坏。长期饲喂含大量不饱和脂肪酸的饲料，如陈旧、变质的动植物油或鱼肝油以及霉变的饲料、腐败的鱼粉等。饲料中含大量维生素E的拮抗物质，可引起相对性缺乏症。日粮组成中，含硫氨基酸如蛋氨酸、胱氨酸、半胱氨酸或微量元素硒缺乏，可促使发病。母乳量不足或乳中维生素E含量低下，以及断奶过早是引起仔猪发病的主要原因。

[临床症状]　血管功能障碍，如孔隙增大、通透性增强、血液外渗。神经功能失调。繁殖功能障碍，公猪睾丸变形、萎缩，精子生成障碍，出现死精，屡配不孕；母猪卵巢萎缩，性周期异常，不发情，不排卵，不受孕，内分泌功能障碍，受胎率下降，妊娠母猪出现胚胎死亡、流产。仔猪主要表现营养不良，肝脏变性、坏死，胃溃疡等病理变化，出现食欲减退，呕吐，腹泻，后躯肌肉萎缩，呈轻瘫或瘫痪，耳后、背腰、会阴部出现淤血斑，腹下水肿。心跳加快，有的呈现呼吸困难，皮肤、黏膜发绀或黄染，生长发育缓慢。

[诊断要点]　根据病史调查、临床症状及病理剖检变化，特别是用维生素E进行治疗效果的验证，可以做出诊断。必要时可进行饲料、机体组织中维生素E和硒含量的测定以确诊。

[防控技术]

①预防措施　提高饲料维生素E或硒的含量，供给猪以

全价日粮，保证有足量的蛋白质饲料和必需的矿物性元素、微量元素和维生素。我国猪最佳维生素 E 需要量：乳猪和小猪 60～100 毫克/千克饲料，中猪和大猪 30～60 毫克/千克饲料，妊娠、哺乳母猪 60～80 毫克/千克饲料；如果日粮中的脂肪高于 3%，维生素 E 的添加量应在推荐量的基础上按每增加 1%的脂肪增加维生素 E 5 毫克的比例添加。

②*治疗措施*　醋酸生育酚，仔猪 0.1～0.5 克/头，皮下或肌内注射，每日或隔日 1 次，连用 10～14 天。维生素 E，仔猪可用 10～15 毫克/千克饲料饲喂。0.1%亚硒酸钠注射液，成年猪 10～15 毫升，6～12 月龄猪 8～12 毫升，2～6 月龄猪3～5 毫升，仔猪 1～2 毫升，肌内注射。此外，妊娠母猪于分娩前 1 个月，仔猪于出生后，可应用维生素 E 或亚硒酸钠进行预防注射。

126. 如何防控仔猪铁缺乏症?

[病　因]　本病多见于新生仔猪，新生仔猪对铁需要量很大，母乳不能满足仔猪生长的需要，其体内铁贮存量又很少，如果新生仔猪仅靠母乳，且饲养在水泥地上，又没有补充铁剂，极易发生缺铁性贫血。

[临床症状]　仔猪多在出生后 8～10 天发病。病猪表现为精神沉郁，食欲减退，被毛粗乱、发黄、暗淡无光泽，生长缓慢，可视黏膜苍白或黄染，呼吸加速，脉搏加快。有时腹泻，粪便颜色多正常。本病通常 2 周龄发病，3～4 周龄病情加重，5 周龄开始好转，6～7 周龄痊愈，如果 6 周龄尚未好转，预后多不良。

[病理变化]　全身皮肤、黏膜苍白，血液稀薄，伴有皮下疏松结缔组织水肿，头部和身体前 1/4 发生轻度或中度水肿。

肝脏肿大，呈淡黄色，肝实质少量淤血。肌肉呈淡红色或苍白，特别是臀肌和心肌更加明显。心脏扩张，心肌松弛。

[诊断要点] 根据病猪贫血的临床症状、发病年龄、新生仔猪未补铁剂，以及应用铁剂治疗有效果等可确诊。

[防控技术]

①*预防措施* 仔猪出生 3 天后一次性注射牲血素，可很好预防仔猪缺铁性贫血。

②*治疗措施* 关键是补充铁质，充实铁质贮备。可采用口服和注射铁剂。口服铁剂有 20 余种，如硫酸亚铁、焦磷酸铁、乳酸铁、枸橼酸铁等。其中硫酸亚铁为首选药物。肌内注射的铁剂有糖氧化铁、糊精铁、葡聚糖铁或右旋糖铁、山梨醇-葡萄糖酸聚合铁和葡聚糖铁钴等。兽医临床常用葡聚糖铁或右旋糖铁和葡聚糖铁钴注射液治疗。

127. 如何防控铜缺乏症？

[病　因] 由于饲料中含铜量不足或缺乏，或饲料中存在影响猪吸收铜的不利因素从而诱发。各年龄段猪均可发生，以仔猪发病较严重。

[临床症状] 食欲不振，生长发育缓慢，腹泻，贫血，被毛粗糙、无光泽，且大量脱落，皮肤无弹性，毛色由深变淡，黑毛变为棕色、灰白色。仔猪四肢发育不良，关节不能固定，跗关节过度屈曲，呈犬坐姿势，出现共济失调，骨骼弯曲，关节肿大，表现僵硬、跛行，严重时后躯瘫痪，出现异嗜。

[病理变化] 剖检见肝、肾、脾呈广泛性血铁黄素沉着。

[诊断要点] 根据病史调查和贫血，被毛褪色，骨骼关节变形，肝、脾、肾内血铁黄蛋白沉着等主要的临床表现以及补饲铜以后疗效显著，可做出初步诊断。确诊有待于对饲料、血

液、肝脏等组织铜浓度和某些含铜酶的测定。

［**防控技术**］

①预防措施　可在饲料中加入1%～5%硫酸铜，减少影响铜吸收的各种不利因素，如治疗影响铜吸收的胃肠疾病，合理调配日粮，保持微量元素的正常含量。

②治疗措施　可静脉注射0.1～0.3克硫酸铜溶液或口服硫酸铜1.5克。在饲料中添加硫酸铜，剂量为每千克饲料添加250毫克，或每升饮水中添加0.2克硫酸铜。

128. 如何防控锌缺乏症？

［**病　因**］　仔猪缺锌症是一种营养缺乏症，主要是本地土壤中含锌低，所以饲料也缺锌；加之冬季缺乏青饲料，特别是春节前后，青饲料全部中断，猪失去了从青饲料中摄取锌的机会，同时猪舍圈床和运动场多为水泥铺成，猪不能通过拱土等方法摄取土壤中的微量元素。

［**临床症状**］　病猪食欲减退，精神萎靡，跛行，不愿走动，喜卧，但体温、心跳、呼吸正常。先便秘、后腹泻，以后腹泻日渐严重，粪便多为黄色糊状，混有较多的黏液。继而腹部、四肢、耳朵等处出现小红点，并向臀部蔓延，不久小红点形成红色疹块，疹块突出表皮，相互连接，破溃后流出少量黏液，很快结痂干燥。皮肤皱褶粗糙，网状干裂明显，无异样；蹄底、蹄叉皮肤干裂，跛行。耳朵的边缘向上内卷，口腔黏膜苍白、增厚，舌面干裂，附着灰褐色痂膜，不易剥落。病猪日渐消瘦，生长严重受阻。

［**诊断要点**］　依据生长缓慢、皮肤角化不全、繁殖功能障碍和骨骼发育异常等临床表现，以及补锌的疗效迅速而又确实的特点，可做出初步诊断；测定血清和组织中锌的含量有

助于确定诊断。土壤、饮水、饲料中锌及相关元素的分析，可提供诊断的依据。

［防控技术］ 日粮中添加0.1％硫酸锌，对皮肤开裂严重的病猪，皮肤涂擦氧化锌软膏。蒲公英、车前子各30克，黄连120克，酸枣仁240克，小蓟、侧柏籽各200克，加常水煎熬浓缩至30千克，供60头猪自饮，药渣捣碎加入饲料中让猪自由采食，每日1剂，经4天治疗，病猪群相继痊愈。

甜菜(或苦麻菜)1 500克，蒲公英150克，瞿麦、小蓟、车前草、兰草各100克，硫酸锌0.3克，以上为每头猪的用量，将上述草药切碎拌入添加硫酸锌粉剂的饲料饲喂。7天为一个疗程，一般病猪1～3个疗程治愈，重病例4～5个疗程治愈。

对缺锌引起皮肤皲裂病：①用1％高锰酸钾水清洗创面，将要脱落的表皮和污物洗净后用碘仿10％、氧化锌90％，配成混合粉撒布创面；②清洗创面后可用氧化锌粉15％，其余以凡士林为基质配成膏剂涂于创面；③用土霉素原粉加凡士林为基质配成5％～8％的土霉素膏涂于创面；④取鲜马齿苋、鱼腥草捣汁擦洗创面。

陈皮50克，砂仁15克，党参、茯苓、山药、白扁豆、白术、莲子、薏苡仁、大枣各80克，桔梗30克(为8头仔猪1日量)，水煎对少量稀粥喂服，连服3克，治疗期间不服其他补锌药品。

129. 如何防控镁缺乏症?

［病　因］ 因镁在小肠及部分结肠吸收，当严重腹泻、吸收不良、肠瘘、大部小肠切除术后，消化道失去过多，均可致低镁血症；补充不足，营养不良，某些疾病营养支持液中补镁不足，甚或长期应用无镁溶液治疗，也可导致镁缺乏症。

［临床症状］ 病猪发病后兴奋不安，狂暴，用嘴抵圈栏。放出后兴奋，向前猛冲直撞，不避障碍，运动失调，步态摇晃，后肢无力。拉进圈栏后仍用嘴抵圈栏，目光无神，反射功能失调，不听呼唤，有时磨牙，饮食欲废绝，姿态异常，精神恍惚、癫狂，视觉障碍；兴奋期先呼吸加快、脉搏增数，后精神沉郁；腹下有湿疹，头颈及眼睑水肿；口吐泡沫，口腔黏膜肿胀，呈蓝黑色或红褐色；呼吸无力而次数减少；心脏衰弱，瞳孔散大。

［诊断要点］ 猪群出现兴奋、运动失调、呼吸急促、口腔黏膜肿胀等症状时可怀疑为镁缺乏症，确诊需对饲料内镁元素含量进行检测。

［防控技术］ 治疗可用250克/升硫酸镁注射液20毫升，肌内注射，每日2次，连用2天。

130. 如何防控硒缺乏症？

［病　因］ 硒缺乏主要是由于饲料中硒和维生素E不足。我国大部分地区都缺硒，在低硒的土壤中生长的植物含硒很低，用这些植物做饲料，很可能造成缺硒。哺乳仔猪缺硒主要是由于母猪妊娠或哺乳时日粮中硒添加不足而致。此外，饲养管理不善，猪舍卫生条件较差，以及各种应激因素都可能诱发本病。

［临床症状］ 仔猪硒缺乏症主要有以下几种表现：

①白肌病　即肌营养不良，以骨骼肌、心肌纤维以及肝组织等变性、坏死为主要特征。1～3月龄或断奶后的育成猪多发，一般在冬末和春季发生，以2～5月份为发病高峰。

a. 急性型　病猪往往没有先驱征兆而突然发病死亡。有的仔猪仅见有精神委顿或厌食现象，兴奋不安，心动急速，在10～30分钟内死亡。本型多见于生长快速、发育良好的仔猪。

b. 亚急性型　精神沉郁，食欲不振或废绝，腹泻，心跳加快，心律不齐，呼吸困难，全身肌肉弛缓乏力，不愿活动，行走时步态强拘，后躯摇晃，运动障碍。重者起立困难，站立不稳。体温无变化，当继发感染时，体温升高，大多病畜有腹泻的表现。

c. 慢性型　生长发育停止，精神不振，食欲减退，皮肤呈灰白或灰黄色，不愿活动，行走时步态摇晃。严重时，起立困难，常呈前肢跪下或犬坐姿势，病程继续发展则四肢麻痹，卧地不起。常并发顽固性腹泻。

②仔猪肝营养不良　多见于3周至4月龄的小猪。急性病猪多为发育良好、生长迅速的仔猪，常在没有先兆症状下而突然死亡。病程较长者，可出现抑郁、食欲减退、呕吐、腹泻症状，有的呼吸困难。病猪后肢衰弱，臀及腹部皮下水肿。病程长者，多有腹胀、黄疸和发育不良。常于冬末春初发病。

③成年猪硒缺乏症　其临床症状与仔猪相似，但是病情比较缓和，呈慢性经过。治愈率也较高。大多数母猪出现繁殖障碍，表现屡配不孕以及早产、流产、死胎。

[病理变化]　白肌病主要病变部位在骨骼肌、心肌和肝脏。骨骼肌中以背腰、臀、腿肌变化最明显，且呈双侧对称性。骨骼肌苍白似熟肉或鱼肉状，有灰白或黄白色条纹或斑块状混浊的变性、坏死区。病变肌肉水肿、脆弱。心脏变形、扩张、体积增大，心肌弛缓、变薄，心内膜下可见心肌呈灰白色或黄白色条纹和斑块，心内、外膜出血，心包积液。肝脏肿大，切面有槟榔样花纹，通常称为槟榔肝或花肝。肾肿大充血，肾实质有出血点和灰色斑灶。肝营养不良：急性病例可见肝的正常小叶、红色出血性坏死小叶及白色或淡黄色小叶混杂在一起，

形成彩色多斑或嵌花式外观，发病小叶可能孤立成点，也可能连成一片，并且再生的肝组织隆起，使肝表面变得粗糙不平。慢性病例的出血部位呈暗红乃至红褐色，坏死部位萎缩，结缔组织增生，形成瘢痕，使肝表面变的凸凹不平。

［诊断要点］ 根据本病主要发生于小猪，具有典型的临床症状和病理变化，体温一般不变化，再调查了解饲料中硒的添加量以及组织中饲料硒的水平测定，可确诊。

［防控技术］

①预防措施 提高饲料含硒量，供给全价饲料。对妊娠和哺乳母猪加强饲养管理，注意日粮的正确组成和饲料的合理搭配，保证有足量的蛋白质饲料和必需的矿物性元素和微量元素。

②治疗措施 0.1％亚硒酸钠注射液，成年猪 10～15 毫升，6～12 月龄猪 8～10 毫升，2～6 月龄 3～5 毫升，仔猪 1～2 毫升，肌注。可于首次用药后间隔 1～3 天，再给药 1～2 次，以后则根据病情适当给药。应用本药品时要注意浓度一般不宜超过 0.2％，剂量不要过大，可多次用药，一定要确保安全。饲料日粮中适量地添加亚硒酸钠，可提高治疗效果。一般日粮每千克含硒量为 0.1 毫克较为适宜。亚硒酸钠维生素 E 注射液，每毫升含维生素 E 50 国际单位，含硒 1 毫克，肌内注射，仔猪 1～2 毫升/次。亚硒酸钠的治疗量和中毒量很接近，确定用量时必须谨慎。皮下、肌内注射亚硒酸钠对局部有刺激性，可引起局部炎症。也可配合使用维生素 E，可明显提高防治效果。屠宰前 60 天必须停止补硒，以保证猪产品食用的安全性。

131. 如何防控钙、磷缺乏症？

［病　因］　日粮钙、磷缺乏或比例失调是引发该病的重要原因。若单一饲喂缺乏钙、磷的饲料及长期饲喂高磷低钙饲料或高钙低磷饲料，饲料或动物体内维生素D缺乏均可导致本病发生。胃肠道疾病、寄生虫病、先天性发育不良等因素及肝肾疾病也可影响钙、磷及维生素D的吸收利用。

［临床症状］　先天性佝偻病常表现为出生后仔猪颜面骨肿大，硬腭突出，四肢肿大，不能屈曲，患猪衰弱无力。后天性佝偻病发病缓慢，早期呈现食欲减退，消化不良，精神不振，不愿站立和运动，出现异嗜癖。随着病情的发展，关节部位肿胀肥厚，触诊疼痛敏感，跛行，骨骼变形；仔猪常以腕关节站立或以腕关节爬行，后肢则以跗关节着地。疾病后期，骨骼变形加重，出现凹背、"X"形腿、颜面骨膨隆，采食咀嚼困难，肋骨与肋软骨结合处肿大，压之有痛感。成年猪的骨软症多见于母猪，病初表现为以异嗜为主的消化功能紊乱。随后出现运动障碍，腰腿僵硬，拱背站立，运步强拘，跛行，经常卧地不动或匍匐姿式。后期则出现系关节、腕关节、跗关节肿大变粗，尾椎骨移位变软，肋骨与肋软骨结合部呈串珠状；头部肿大，骨端变粗，易发生骨折和肌腱附着部撕脱。

［诊断要点］　幼龄猪发病表现佝偻病，成年猪发病表现饲料钙、磷比例失调或不足，维生素D缺乏。胃肠道疾病以及缺少光照和户外活动等可引发本病。必要时结合血清学检查、X光检查以及饲料分析以帮助确诊。

［防控技术］

①预防措施　经常检查饲料，保证日粮中钙、磷和维生素D的含量，合理调配日粮中钙、磷比例。平时多喂豆科青绿饲

料，对于妊娠后期的母猪更应注意钙、磷和维生素D的补给，特别是长期舍饲的猪，不易受到阳光照射，维生素D来源缺乏，及时采取预防措施更具有重要意义。

②治疗措施　采取改善妊娠母猪、哺乳母猪和仔猪的饲养管理，补充钙、磷和维生素D源充足的饲料，如青绿饲料、骨粉、蛋壳粉、蚌壳粉等，合理调整日粮中钙、磷的含量及比例，同时适当运动和照射日光。对于发病仔猪，可用维生素A、维生素D注射液2～3毫升，肌内注射，隔日1次。成年猪可用10%葡萄糖酸钙50～100毫升，静脉注射，每日1次，连用3日。1.5～2千克麸皮加50～70克酵母粉煮后过滤，每日分3次喂给。也可用磷酸钙2～5克，每日2次拌料喂给。

132. 如何防控锰缺乏症?

[病　因]　锰缺乏症是由于饲料中锰含量绝对或相对不足引起。多发于缺锰地区，以玉米、大麦和大豆作为基础日粮时，因锰含量低易引发该病。

[临床症状]　病猪生长发育受阻，消瘦；繁殖功能障碍，母猪乳腺发育不良，发情期延长，不易受胎，出现流产、死胎、弱胎；新生仔猪运动失调，仔猪弱小，呻吟，震颤，共济失调，生长缓慢，骨骼畸形，步态强拘或跛行。

[诊断要点]　主要根据病史、临床症状（骨骼畸形、脚跛、后踝关节肿大和腿弯曲缩短、繁殖功能障碍及新生仔猪运动失调）可做出诊断。测定土壤、血液、毛发的锰含量可作参考。

[防控技术]

①预防措施　本病要改善饲养管理，合理调配日粮，给予富含锰的饲料，饲喂青绿饲料、块根饲料和小麦、糠麸。减少影响锰吸收的不利因素。

②*治疗措施* 可每100千克饲料中添加12～24克硫酸锰。

133. 如何防控碘缺乏症?

[**病 因**] 发生本病的主要原因是土壤、饲料和饮水中碘不足,一般见于每千克土壤含碘低于0.2～2.5毫克、每升饮水中含量低于10微克的地区。另外,某些饲料如十字花科植物、豌豆、亚麻粉、木薯粉及菜籽饼等,因其中含多量的硫氰酸盐、过氯酸盐、硝酸盐等,能与碘竞争进入甲状腺而抑制碘的摄取。当土壤和日粮中钴、钼缺乏,锰、钙、磷、铅、氟、镁、溴过剩,日粮内胡萝卜素和维生素C缺乏以及机体抵抗力降低时,均能引起间接缺碘,诱发本病。由于妊娠、哺乳和幼畜生长期间,对碘的需要量加大,而造成相对缺碘,也可诱发本病。

[**临床症状**] 甲状腺肿大,生长发育停滞,生产能力降低,繁殖力降低,公畜性欲减退,母畜不发情或流产,死胎以及产弱仔,新生仔猪无毛,眼球突出,心跳过速,兴奋性增高,颈部皮肤黏液性水肿,多数在出生后数小时内死亡。病猪皮肤和皮下结缔组织水肿。

[**诊断要点**] 根据饲料缺碘的病史、临诊症状(甲状腺肿大、生长发育迟缓、繁殖性能减退、被毛生长不良)及用碘的防治效果等即可做出诊断。必要时进行实验室检查(测定饲料、饮水或食盐的含碘量,测定血清蛋白结合碘含量,测定尿碘量等)可帮助确诊。

[**防控技术**] 日粮中要注意添加足够的碘,但是不要发生中毒。补碘是防治本病的主要方法。碘化钠或碘化钾0.5～2克,每日内服,连用数日,饲料中添加碘盐。

134. 如何防控新生猪低血糖症？

［病　因］　主要病因是吮乳不足。如母猪少乳、无乳，患乳房炎时，不让仔猪吮乳；仔猪多、乳头少而弱小仔猪吃不到母乳；或因仔猪患大肠杆菌病、传染性胃肠炎等而无力吮乳，以及胃肠道吸收障碍等，均可发生本病。7 日龄以内的仔猪，缺少糖异生酶，糖异生能力差。在此期间，血糖主要来源于母乳和胚胎期贮存肝糖原的分解。如吮乳不足或缺乏，则肝糖原迅速耗尽，血糖降至 2.8 毫摩尔/升，即可发病。

［临床症状］　一般出生后第二天发病，精神沉郁，吮乳停止，四肢无力，肌肉震颤，步态不稳，运动失调，颈下、胸腹下及四肢水肿，痉挛抽搐，四肢僵直，体温 37℃ 以下，感觉消失，口吐白沫，瞳孔散大，继之尖叫，卧地后呈角弓反张，皮肤苍白，皮温降低，体温降至昏迷不醒，意识丧失，很快死亡，病程不超过 36 小时。

［病理变化］　肝呈橘黄色，边缘锐利，有散在的红色出血点，质地像豆腐，稍碰即破碎，胆囊肿大。肾呈淡土黄色。可测定血糖值（正常值 4.2 ～8.3 毫摩尔/升）。

［诊断要点］　根据发病仔猪出生后吮乳不足的病史、临床表现、病理变化、血糖含量显著降低以及葡萄糖治疗有疗效等容易做出诊断。鉴别诊断应注意与新生仔猪其他疾病如细菌性败血症、病毒性脑炎、伪狂犬病、李氏杆菌病、链球菌感染等相区别。其血糖浓度降低、体温下降两项特征，与上述疾病完全不同。

［防控技术］　可以使用 5％或 10％葡萄糖液 20～40 毫升，腹腔或皮下分点注射，连用 2 ～3 天，效果良好。也可口服葡萄糖水，每隔 3 ～4 小时 1 次。对仔猪过多的，要针对母

猪缺乳或无乳的人工哺乳或找代乳母猪。

135. 如何防控应激综合征?

［病　因］　应激综合征是机体受各种刺激，如惊吓、天气突变、车船运输、饲料突变等，而产生一系列非特异性的应答反应。是一种类似休克的急性应激不良综合征。主要表现是高代谢性疾病、体温过高及循环障碍。所谓的恶性高热症、背肌坏死症、运输性疾病、PSE 猪肉（苍白、柔软、有渗出的猪肉——白猪肉）、DFD 猪肉（深色干硬肉）、抓捕性疾病以及心猝死病等，均包括在这一综合征范围内。我国各地均有发生，已日益受到重视。

遗传因素是猪应激综合征发生的内在原因，有一部分猪对应激具有易感性，而且呈隐性基因遗传。瘦肉型、长得快的品种多发，本地品种猪抗应激能力较强。从外貌上看，应激敏感猪多是肌肉丰满、皮紧、体矮、腿短、股圆、躯体呈圆筒状的猪。

各种强烈的刺激常为猪应激综合征的触发因素，如注射疫苗、鞭打追逐、抓捕捆绑、长途赶运、兴奋斗架、恐惧紧张、狂风暴雨、雷电袭击、公猪配种、母猪分娩、车船运输、使用某些全身麻醉剂等。

［临床症状］　初期，肌肉和尾巴震颤，特别是尾快速震颤。由于外周血管有间隔地收缩和扩张，而使皮肤红一阵白一阵。继而体温迅速升高，5～7 分钟体温即可升高 1℃～2℃，直至临死前体温可达 45 ℃。呼吸困难，张口呼吸，口吐白沫，可视黏膜发绀。心跳加快，可达 200 次/分钟。继之肌肉僵硬，站立困难，卧地不动，眼球突出，呈休克状态，如不予治疗，约有 80 %以上的病猪在 20～90 分钟内死亡。应激反

应最严重的猪，常见不到任何明显的症状而突然死亡。

[病理变化] 肌肉温度很高，很快发生尸僵。受到侵害的肌肉，如背肌、腰肌、腿肌及肩胛部肌肉，死后半小时内呈现苍白、柔软、水分渗出增多（PSE 猪肉）。反复发作而死亡的病猪，可在腿部和背腰部出现深色而干硬的肌肉。

[防控技术]

①*预防措施* 注意选种育种，凡有应激敏感病史或易惊恐、皮肤易发红斑、体温易升高的应激敏感猪，一律不作种用。选择具有抗应激的猪作为种猪，逐步建立抗应激种猪群；避免各种应激原的刺激，避免猪舍高温、潮湿和拥挤。饲料要妥善加工调制，饮水要充足，日粮营养要全价，特别要保证足够的微量元素硒和维生素 A、维生素 D、维生素 E。在收购、运输、调拨、贮存猪的过程中，要尽量减少各种不良刺激，避免惊恐。肥猪运到屠宰场，应让其充分休息，散发体温后屠宰。屠宰过程要快，酮体冷却也要快，以防止产生劣质的白猪肉。

②*治疗措施* 出现应激综合征的早期症候时，如肌肉和尾巴震颤、呼吸困难而无节律、皮肤时红时白等，应立即隔离单养，充分安静休息，用凉水浇洒皮肤，症状不严重者多可自愈。对肌肉已僵硬的重症病猪，则必须应用镇静剂、抗应激药以及解除酸中毒的药物。其他抗过敏药物，如水杨酸钠、巴比妥钠、盐酸吗啡、盐酸苯海拉明以及维生素 C、抗生素等也可选用。